디스플레이 이야기 3

디스플레이 이야기 3
액정 디스플레이 알아가기

초판 발행 2023년 3월 17일

지은이 주병권
펴낸이 최일연
펴낸곳 열린책빵

등록 2020년 11월 26일 제2020-000232호
주소 10521 경기도 고양시 덕양구 무원로 41 905동 701호
전화 (031) 979-2806
팩시밀리 (031) 8056-9306
홈페이지 www.openbookbread.co.kr
전자우편 openbookbread@naver.com

ⓒ 주병권 2023
ISBN 979-11-972783-2-7 03560

※ 이 책의 내용의 전부 또는 일부를 사용하려면
　반드시 저작권자와 열린책빵의 동의를 받아야 합니다.
※ 책값은 뒤표지에 표시되어 있습니다.
※ 저자 인세는 전액 기부됩니다.

디스플레이 이야기

액정
디스플레이 알아가기 3

友情 주병권 지음

열린책방

시작하며 ...... PROLOGUE

오래전부터 정년까지 10년 정도가 남으면, 떠날 준비를 하겠다고 생각했습니다.
산에 오를 때 충분히 내려갈 시간을 고려하듯,
내려가는 것도 여유 있게 준비를 하며 내려가겠다고, 보람과 의미를 찾으면서.
세월이 유수 같아서 서너 해 전에 10년여가 남았더군요.
시작을 하였습니다.

물질 기부와 재능 기부 그리고 지식 기부 ·······.
첫 번째 기부, 물질 기부는 진행 중입니다.
아이들과 환경을 향한 기부입니다.
두 번째 기부, 재능 기부도 역시 진행 중입니다.
현장을 다니며, 청소년들과 젊은이들에게 꿈을 주려는 기부입니다.

이제 7년 정도가 남았습니다.
세 번째 기부, 지식 기부입니다. 알고 있는 지식을 전달하고자 합니다.
먼저 '정보 디스플레이' 분야부터 시작합니다.
청소년들, 우리 학부생들, 더해서 일반인들까지 관심을 가질 수 있도록
그리고 기술과 산업 의존도가 큰 우리나라가 경쟁국들의 공세에서 잘 지켜질 수 있도록.

크게, 다섯 개의 주제를 준비하였습니다.

주제 하나, '정보 디스플레이 기술의 개요'에 관한 이야기입니다. 디스플레이 전반을 다룹니다.
주제 둘, '디스플레이의 공통적인 상식과 지식'에 관한 이야기입니다. 원리와 용어, 공통적인 이론을 다룹니다.
주제 셋, '액정 디스플레이'에 관한 이야기로, LCD 이야기입니다.
주제 넷과 다섯, '유기 발광 다이오드'와 '양지점 디스플레이'에 관한 이야기입니다. OLED 이야기들, QD 디스플레이를 설명하고 예측합니다.

앞으로 10년 동안은 이 책이 감싸 안을 수 있기를 바랍니다.
물론, 더 필요하고 더 등장할 가능성이 있는 디스플레이들도 생각 중입니다.

주제에서 잠시 숨을 돌리며 참고하기 위해 노트를 구성하려 합니다.
나는 하루 하나의 노트를 쓰고, 독자들은 하루 하나의 노트를 읽고.
공원에서, 거리에서, 버스에서, 지하철에서 가볍게 읽을 수 있는 쉬운 내용과 편안한 분량으로.
또한 집중과 휴식을 위해 중간중간 핫한 이슈, 쉬어가기 노트도 넣으렵니다.

이제, 시작하죠~

알아가기 ...... KNOWING

　디스플레이 이야기 시리즈는 총 5권으로 출간할 생각입니다. '디스플레이 알아가기'로 발간된 첫 번째 이야기에서는 디스플레이의 기원, 변천과 역사, 분류를 기본으로 다루었고, 디스플레이 기술들을 스스로 빛을 내는 자발광형과 스스로 빛을 낼 수 없는 비자발광형으로 구분하여 각각에 해당하는 디스플레이들을 알기 쉽게 핵심 위주로 설명하였습니다. 두 번째 이야기는 '디스플레이 상식과 지식 알아가기'입니다. 이곳에서는 모든 디스플레이들에 공통으로 적용되는 기초 이론과 용어들을 다루었습니다.

　이 책은 그 세 번째 이야기로 '액정 디스플레이 알아가기'입니다. 지금까지의 주류였던 액정 디스플레이(LCD)를 상세히 설명합니다. 비록 유기 발광 다이오드, 양자점 디스플레이, 마이크로 LED의 시대가 오더라도 액정 디스플레이는 떠나지 않을 겁니다. 우리나라가 더 이상 생산을 하지 않더라도 중국을 비롯하여 대만, 일본 등 여러 나라에서 LCD를 꾸준히 만들어낼 것입니다. LCD만이 지닌 고유의 역사성, 특성, 응용성 그리고 경제성이 있기 때문이죠. 이곳에서는 1800년대 액정의 발견으로부터 시작하여 디스플레이로서의 응용, 전자계산기로부터 TV에 이르기까지의 발전 과정을 소개합니다. 액정 분자들의 분류와 전기-광학적 특성, 디스플레이에 적용되는 원리를 설명하고 있죠. 이렇게 만들어진 LCD의 기본 구조와 동작 메커니즘 그리고 구동을 위한 백플레인, 박막 트랜지스터를 이야기합니다. LCD를 구성하는 요소들, 즉 편광판, 배향막, 컬러 필터, 후면 광원, 구동부 등을 쉽고도 재미있게 설명합니다. 그리고 동작 특성과 성능에 관한 용어와 설명이 액정 상과 작동 모드를 중심으로 이어지고 있으며, LCD의 제조 공정도 박막 트랜지스터 기판과 컬러 기판, 액정 셀과 모듈 구성으로 전개되고 있죠. LCD의 시대는 정점을 지나고 있습니다. 그러나 여전히 LCD는 살아남아 후속 디스플레이들을 겨냥하고 있습니다. 실로 흥미로운 이야기가 아닐 수 없습니다.

　네 번째 이야기는 '유기 발광 다이오드 상식 알아가기'입니다. 새로운 주류로 자리 잡아 가는 유기 발광 다이오드를 자세히 서술합니다. 다섯 번째 이야기는 '유기 발광 다이오드와 양자점 디스플레이 지식 알아가기'입니다. 유기 발광 다이오드를 좀 더 상세히 기술하고, 차세대 디스플레이인 양자점 디스플레이를 설명합니다.

앞으로 6개월 기간을 두고 출간될 4권부터 5권까지도 기대를 부탁합니다. 이처럼 디스플레이 이야기 시리즈는 각각 100페이지 남짓으로 휴대용으로 편하게 출간되며, 정보 디스플레이에 관심이 있는 학생과 일반인들이 볼 수 있도록 내용을 구성합니다. 이 책들은 학부와 대학원 교재로도 사용할 수 있습니다. 사실 5권까지로 정한 이유는, 우리 학교의 경우 학부 4학년 1학기부터 대학원 석사 과정 4학기까지 총 5학기 동안 학기마다 1권씩 '정보 디스플레이 기술'을 알아가는 교재로 사용하고자 함이었죠. 이 책들을 수업에서 교재로 사용할 경우, 학기별 교재 1권마다 총 14회 강연할 수 있는 강의 교안도 파일로 함께 제공됩니다. 5권까지 발행이 완료되면 총 70회분의 강의 노트가 제공될 것입니다.

이 책을 읽거나 공부하는 방법은 다음과 같습니다. 먼저, 그냥 편히 읽어 가면 됩니다. 그러면서 저자의 블로그에서 '디스플레이 공부' 메뉴를 함께 이용하면 많은 도움이 될 것입니다. 이 책은 '디스플레이 공부' 메뉴에서 코너 3)에 해당됩니다. 각각의 세부 주제는 코너 3)의 노트 3-1)부터 노트 3-33)까지 볼 수 있으며, 블로그에는 관련 링크들과 연동됩니다. 그리고 각 노트에서 댓글을 통해 저자와 의견을 교환할 수 있으며, 블로그의 이웃 메뉴들에도 도움이 되는 다양한 이야기들을 찾아볼 수 있습니다. 각 노트들은 수시로 업그레이드되어 부족한 부분은 수정 보완될 것입니다. 최근의 이야기, 수식과 이론 문제의 제시와 풀이, 더 알면 도움이 되는 내용들로 이어지고 확장될 것입니다. 블로그의 '디스플레이 공부' 메뉴 코너 4)부터 코너 5)까지는 디스플레이 이야기 시리즈의 4권부터 5권까지의 준비된 내용들이고, 코너 6)은 저자의 연구실이 삼성 디스플레이와 함께 연구하고 있는 내용들 중에서 공개가 가능한 부분을 편하게 오픈하고 있습니다.

당초에는 본 내용을 집필용이 아닌 블로그를 통한 지식 기부용으로 서술하였기에 마음 편히 여러 사이트를 인용하였습니다. 하지만 책으로 출간하기 위해서 글도 새로 다듬고 그림도 다시 그리며 중복이나 표절 방지에 최선을 다하였습니다. 혹여 미흡한 점이 있다면 한시라도 저자나 출판사에 알려 주시기 바랍니다. 원고 작성은 모두 저자가 하였으며, 작성 과정에서 S사의 두 분 연구원께 내용 확인을 받았습니다. 초안 완성 후에는 저자 연구실의 대학원생인 이승원, 황영현 박사 과정 그리고 박재원, 박준영, 전아현 석사 과정에게 편집과 교정 등을 부탁하였습니다. 도움을 주신 이들께 감사드립니다. 이 책을 통한 수익에서 도움을 주신 이들께 인세의 일부가 전달될 것이며, 특히 저자에게 주어지는 인세는 전액 불우 아동과 환경보호를 위해 사용될 것입니다.

이성, 지식 기부와 모두의 행복으로 사는 길의 동참에 감사드립니다.

2023년 2월, 저자
블로그, blog.naver.com/jbkist
전자메일, bkju@korea.ac.kr

블로그 QR 코드

병상에서의 상념

다가오는 병을 맞이하느라

병상에 누우면

일상의 번거로움은 잊혀져 가고

지나간 날들의 생채기가 다시 도진다

쓸쓸히 떠나간 이의 뒷모습과

사랑하는 이들이 겪은 아픔이 가슴을 누르고

이렇듯 눈을 감고

살아온 긴 여정을 되돌아보면

몸이 아픈 건지 마음이 아픈 건지 혼미해진다

창 밖에는 봄비가 오듯이

눈이 녹아 흐르는 소리가 들려오고

곁자리에는 아지랑이라도 피어오르는 듯

막연한 따스함에 손길을 더듬어 본다

언제나 텅 빈 그 자리는

딛고 올라갈 층계참으로 채워졌고

이제는 그 길을

내려가야 할 때인가 보다

잘 딛고 올라간 발걸음이
잘 딛고 내려올 수 있을까

더 오르지 못하는 길을 뒤로 하고 내려오는 길
이제는 그 길을 돌아오며
서둘러 오르느라 미처 머물지 못하였던
작고 어두운 곳을 돌아보아야겠다

그곳에서는
미처 찾지 못한 아름다움이 있을 것이고
혹은 지고 살아온 크고 작은 등짐들을
내려놓을 작은 여유라도 찾을 수 있을 것이다

쓸쓸히 떠나간 이와 마주할 수도 있을 것이고
행여나 사랑하는 이들이 겪은 아픔을
내 아픔과 함께 다독일 수도 있을 것이다

BK

디스플레이 이야기들

4 시작하며...

6 알아가기

8 병상에서의 상념

20 스멕틱 액정

21 콜레스테릭 액정

26 액정의 주요 특성

37 액정의 광학적·전기광학적 특성

45 LCD의 동작 원리

50 LCD의 기본 구조

65 컬러 필터

69 LCD 패널 용어들

74 BLU

91 동작 특성과 성능 용어들

97 작동 모드

98 TN 모드

111 제조 공정

112 TFT 기판

117 컬러 필터 기판

12 LCD의 역사 그리고 진화 과정	16 액정 그리고 액정의 분류	18 네마틱 액정
29 액정의 구조와 거동	34 액정의 기계적 특성	36 액정의 전기적 특성
53 TFT에 관하여	56 편광판	61 배향막
78 구동부	80 액정(상) 관련 용어들	85 액정(셀) 모드 용어들
102 IPS 모드	104 FFS 모드	106 VA 모드
120 액정 셀	124 모듈	126 LCD 기술 이슈

LCD의 역사 그리고 진화 과정

　LCD에 관한 본격적인 공부를 시작하기 전에 LCD가 태어난 배경 그리고 진화하고 있는 역사를 추적하여 살펴보겠습니다. 1854년 독일의 병리학자이자 백혈병의 발견자인 루돌프 피르호Rudolf Virchow는 생체의 신경 조직과 물을 접촉시켜서 농도 전이형lyotropic 액정을 관찰하였습니다. 다만, 관심이나 후속 연구가 진행되지는 못하였죠. 그리고 1888년 오스트리아의 식물생리학자 프리드리히 라이니처Friedrich Reinitzer는 식물의 콜레스테롤 분자식을 확립하기 위해 인삼·홍당무 등으로 콜레스테롤을 추출하고 유도체를 합성해 가는 과정에서 특이한 물질, 즉 콜레스테릴 벤조에이트를 발견합니다. 보통 고체를 가열하면 녹는점 이상에서는 액체가 됩니다. 그런데 콜레스테릴 벤조에이트를 가열하면서 섭씨 145.5도에서는 하얀색의 탁한 액체로 변하였고, 178.5도로 온도를 올리니 투명한 액체가 된 것입니다. 온도를 낮추면 자색, 청색을 거쳐 탁한 액체로 되었다가 다시 결정으로 돌아갔죠. 물질의 녹는점 두 개를 거치며 색의 변화를 본 것입니다. 그는 독일의 생리학자 오토 레만Otto Lehmann에게 이 물질을 보냅니다. 레만은 당시로서는 최첨단 장비인 가열 편광 현미경을 개발하였죠. 물질을 분석해 보니 액체 상태의 물질이 빛을 두 방향으로 굴절시키는 복굴절 성질이 있는 것을 발견합니다. 복굴절은 결정에서만 발생하는 현상이라는 것이 당시의 중론이었습니다. 그런데 액체 상태임에도 결정이 가지는 복굴절 성질, 즉 액체의 유동성liquid flowability과 광학적 이방성optical anisotropy을 가진 물질이 발견된 것이죠. 그는 이 내용으로 흐르는 결정flowing crystal에 관한 논문을 발표합니다. 고체와 액체의 중간 성질을 가지는 액체liquid 결정crystal, 즉 액정이라는 뜻이죠. 라이니처는 액정의 발견자가, 레만은 액정 연구의 창립자가 된 셈입니다. 지금까지 최초의 액정으로 인정받는 온도 전이형thermotropic 액정 이야기입니다.

　이러한 배경을 토대로 하여 1911년 프랑스의 샤를 빅토르 모갱Charles Victor Mauguin은 박막 플레이트들 사이에 정제된 액정을 넣고 실험을 하여 액정 배향을 밝혀냈죠. 1922년 프랑스의 프리델Friedel

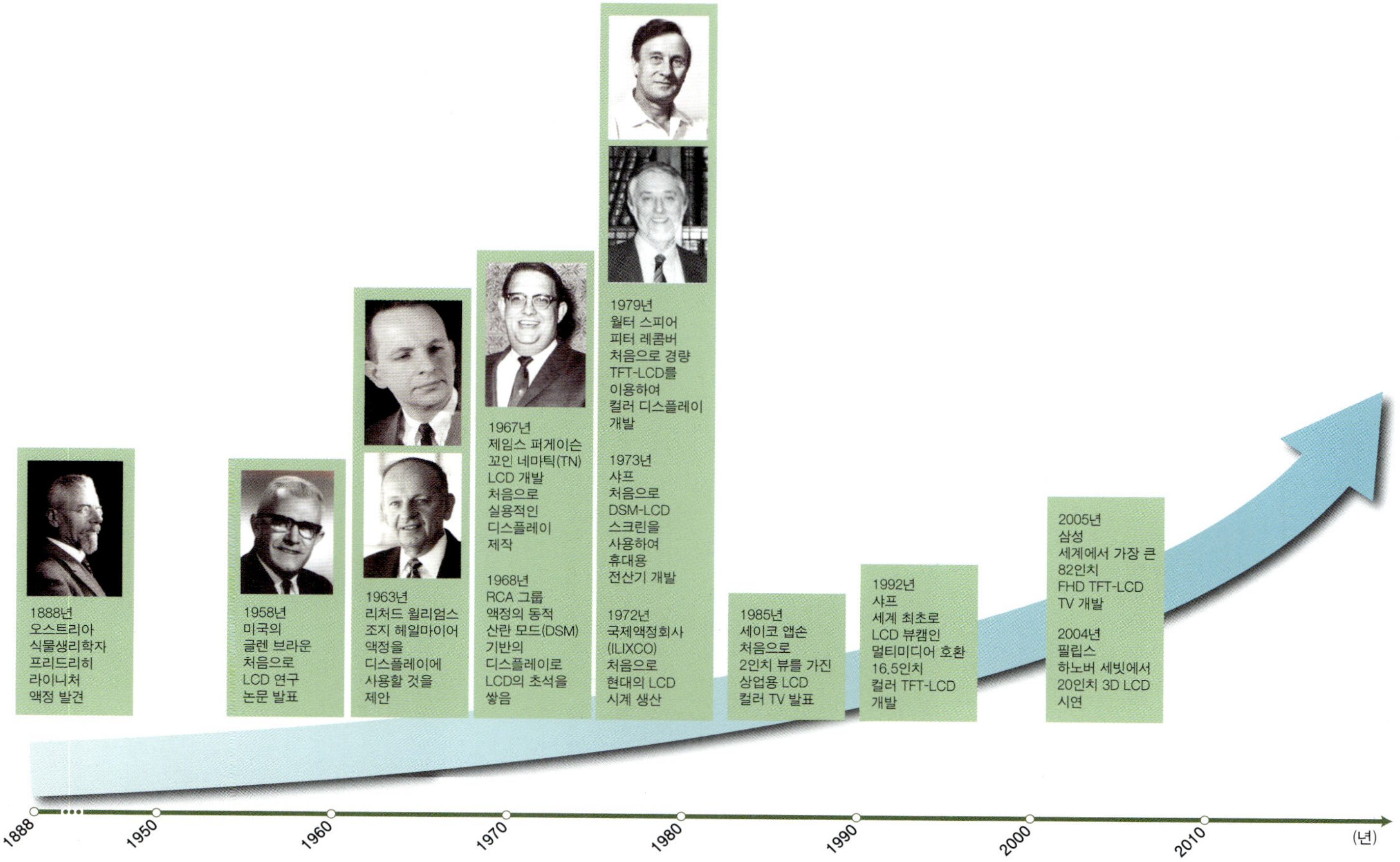

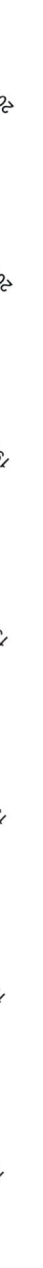

1888년
오스트리아
식물생리학자
프리드리히
라이니처
액정 발견
1958년
미국의
글렌 브라운
처음으로
LCD 연구
논문 발표
1963년
리처드 윌리엄스
조지 헤일마이어
액정을
디스플레이에
사용할 것을
제안
1967년
제임스 퍼게이슨
꼬인 네마틱(TN)
LCD 개발
처음으로
실용적인
디스플레이
제작
1968년
RCA 그룹
액정의 동적
산란 모드(DSM)
기반의
디스플레이로
LCD의 초석을
쌓음
1979년
월터 스피어
피터 레콤버
처음으로 경량
TFT-LCD를
이용하여
컬러 디스플레이
개발
1973년
샤프
처음으로
DSM-LCD
스크린을
사용하여
휴대용
전산기 개발
1972년
국제액정회사
(ILIXCO)
처음으로
현대의 LCD
시계 생산
1985년
세이코 앱손
처음으로
2인치 뷰를 가진
상업용 LCD
컬러 TV 발표
1992년
샤프
세계 최초로
LCD 뷰캠인
멀티미디어 호환
16.5인치
컬러 TFT-LCD
개발
2005년
삼성
세계에서 가장 큰
82인치
FHD TFT-LCD
TV 개발
2004년
필립스
하노버 세빗에서
20인치 3D LCD
시연
1888
1950
1960
1970
1980
1990
2000
2010
(년)

액정의 발견과 LCD 진화

은 연구 결과들을 종합하여 '물질의 중간 상태'라는 총설을 발표하였고, 여기에서 'smectic, nematic, cholesteric'이라는 액정의 배열 구조를 도입합니다. 그리고 1927년 러시아의 물리학자 프레데릭츠 Freedericksz는 외부의 장(전기장, 자기장) 안에서 액정의 배향 거동에 대한 이론적 고찰을 정리하였고, 1933년 스웨덴의 물리학자 오젠Oseen은 액정의 탄성에 관한 연구 결과를 발표합니다.

1962년에는 미국 RCA Radio Corporation of America의 두 과학자가 LCD의 초석을 쌓습니다. 먼저 리처드 윌리엄스Richard Williams가 액정을 얇게 바르고 전기장을 인가하면 분자들이 움직이면서 빛을 산란시키는 현상인 동적 산란을 발표하면서 디스플레이 물질로서의 응용 가능성을 제시합니다. 1964년 조지 헤일마이어George Heilmeier는 윌리엄스의 동적 산란 모드Dynamic Scattering Mode, DSM 기술로 디스플레이를 만들 수 있다는 가능성을 제시하였고, 1968년 노력 끝에 마침내 최초의 시험용 LCD를 선보입니다. 투명한 액정에 전압을 인가하면 액정이 빛을 산란하여 흰색으로 변하는 현상을 이용하였죠. 따라서 액정의 디스플레이 응용은 1960년대 DSM-LCD의 등장이 그 시발점이 되었습니다. 물론 구동 전압이 높아서 소비 전력이 크고 화질이 좋지 않아 상용화는 만만치 않았지만 그 의미는 매우 컸죠.

3년 정도가 지난 1971년 미국 켄트 주립대의 퍼게이슨James Fergason과 스위스의 마틴 슈아트Martin Schadt, 울프강 헬프리치Wolfgang Helfrich가 거의 동시에 TNTwisted Nematic-LCD 셀을 개발합니다. 이는 오늘날까지도 많이 사용되고 있는 모드로, 투명한 상태에서 전압을 인가하면 빛을 차단하여 검게 변하죠. 소비 전력이 작고 정면에서의 화질이 우수하여 시계나 전자계산기에 본격적으로 적용이 되었습니다. 드디어 LCD가 실생활에 적용된 순간이죠. 1971년 옵텔Optel에서 LCD가 장착된 손목시계를 선보였으며, 1973년 일본의 샤프가 LCD 시계를 본격적으로 양산하기 시작하였고, 1976년에는 휴대용 전자계산기에 적용했습니다.

그리고 더 많은 정보를 표시하기 위하여 직접 구동 방식에서 매트릭스 구동 방식으로 발전하는데, 이를 위해 전압 인가에 따라 더 빠른 속도로 투과율이 변하는 액정 모드가 필요하게 되었습니다. 따라서 STNSuper Twisted Nematic 모드가 등장합니다. STN-LCD는 미국의 테리 쉐퍼Terry Scheffer 등이 개발하였는데, 액정이 회전하는 각도가 240~270도로 매우 크며, 전압을 인가하면 투과도가 매우 급격히 변화되는 장점이 있어 모니터 등에 활용할 수 있었습니다. 매트릭스 구동이 실현된 것이죠. 이와 같이 TNTwisted Nematic 액정을 이용한 단순 표시 소자로서 시계나 전자계산기에 적용된 시기가 LCD의 제1세대에 해당합니다. 그리고 제2세대는 단순 매트릭스 구동형 STN-LCD로 컴퓨터 모니터에 적용된 시기입니다.

한편, TN-LCD가 개발된 이듬해인 1972년에는 헝가리 태생의 피터 브로디Peter Brody가 미국의 웨스

팅하우스에 근무하면서 능동 행렬 LCD, 즉 AM-LCD를 제안하고 발표하죠. 사실 AM-LCD의 근본이 되는 TFT에 대해서는 별도의 역사를 다루어야 할 만큼 내용도 유래도 길지만, 간단히 정리해 보겠습니다. 1935년 영국의 헤일$^{O. Heil}$이 특허를 취득하였고, 이후 1945년에 반도체 활성층으로 CdSe를 사용한 TFT가 고체 촬상 소자용으로 발표되었습니다. 이를 1972년에 브로디가 LCD에 적용을 하게 되죠. 능동 매트릭스 구동형 LCD의 시작입니다. 그리고 1972년에 스코틀랜드의 스피어$^{W.E. Spear}$와 레콤버$^{P.G. LeComber}$가 글로우 방전을 이용하여 수소화된 비정질 실리콘$^{amorphous Silicon, a-Si}$을 만들고, 1979년에 역시 레콤버가 비정질 실리콘을 이용한 TFT-LCD를 발표합니다. 1982년에는 다결정 실리콘$^{polycrystalline Silicon, poly-Si}$ TFT를 이용한 포켓형 TV가 최초로 상업화되면서 TFT-LCD는 급속히 발전하게 되죠. 1983년에는 일본의 세이코 엡슨이 LCD 컬러 TV를 최초로 발표합니다. 즉, LCD는 DSM-LCD에서 TN-LCD, STN-LCD 그리고 TFT가 설치된 AM-LCD로 진화를 하여 갑니다. 1985년부터 TFT LCD의 개발이 더욱 본격화되었으며, 1987년 샤프는 TV용 3인치급 TFT LCD를 생산하고 판매하기 시작하였고 1988년에는 14인치급 TFT로 확장됩니다. 그리고 도시바, 산요, 세이코 엡슨 등이 모니터나 휴대용 TV 등에 본격적으로 합류하며 노트북 컴퓨터, 포터블 TV의 발전 속도가 빨라집니다. 1991년에는 10인치급 TFT LCD가 노트북용 모니터로 본격 양산되기 시작하였으며, 이 시기를 LCD의 제3세대로 정의합니다.

1995년 수평 전극 스위칭$^{In Plane Switching, IPS}$ 기술의 개발과 도입으로 시야각이 넓어지면서 LCD 화면은 13인치급 이상으로 커집니다. 이 무렵을 LCD의 제4세대로 정의하죠. 2000년대에는 한국이 주도권을 가지기 시작하며 화면의 크기와 해상도의 한계를 극복하였습니다. LCD TV가 본격 등장하기 시작한 2005년 무렵을 LCD의 제5세대의 진입으로 볼 수 있습니다. 이후로는 LED를 광원으로 채택하고, 나아가서는 양자점을 적용하는 등 자유로운 크기, 최고의 성능으로 소형 모바일 기기부터 대형 TV에 이르기까지 디스플레이 응용 범위의 대부분을 LCD가 점하고 있습니다.

더 생각해보기

- 100년이 훌쩍 넘은 액정의 역사를 생각할 때, 우리는 과학자로서 어떤 교훈을 얻을 수 있을까?
- 물질의 상은 단순히 고체, 액체, 기체로 구분되는데, 사이사이에 어떤 상태들이 추가될 수 있을까?

액정 그리고 액정의 분류

액정$^{Liquid\ Crystal,\ LC}$은 액체 결정으로 액체와 고체 결정 사이의 특성을 지니는 물질의 상태입니다. 액체 상태에서는 원자나 분자들의 위치와 방향 모두 장거리 질서가 없는 데 반하여 결정 상태에서는 장거리 질서가 존재합니다. 액체와 결정의 중간 상태^{mesophase} 물질로는 유연성 결정$^{plastic\ crystal}$이라는 물질도 있죠.

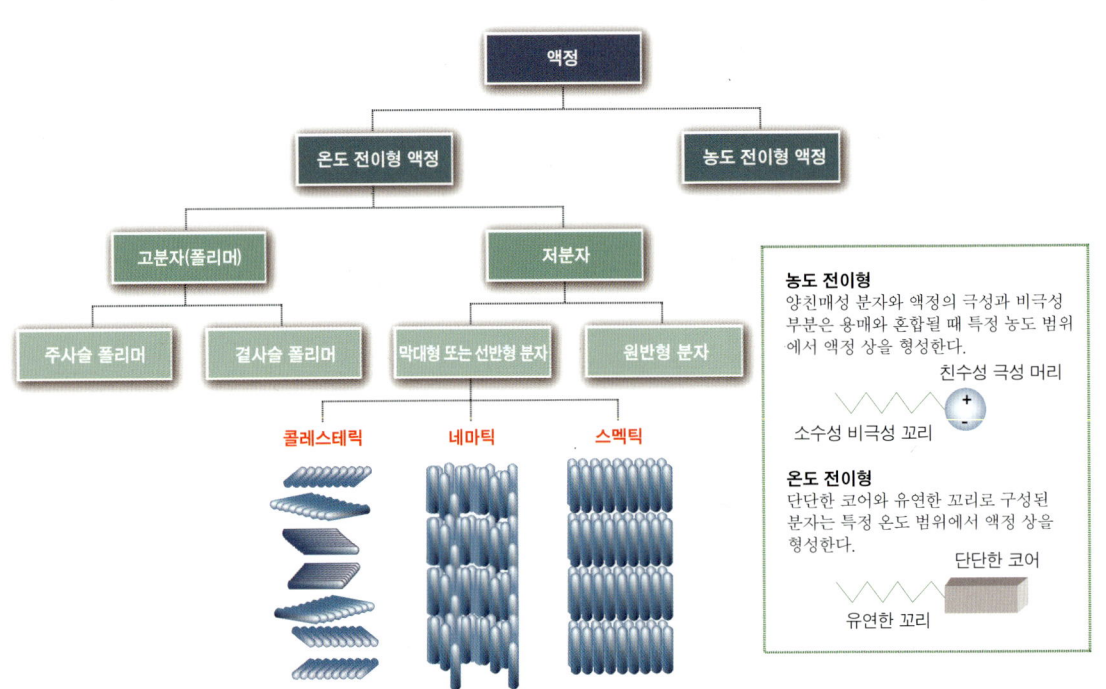

액정의 분류

액정은 크게 온도 전이형 액정$^{Thermotropic\ LC}$과 농도 전이형 액정$^{Lyotropic\ LC}$으로 구분합니다. 온도 전이형 액정은 열에 의해서만 분자 구조가 바뀌고, 농도 전이형 액정은 임계 농도치 이상으로 용해되었을 때 여러 영향에 의해 변하게 되죠. 온도 전이형 액정은 일반적으로 막대 모양을 가지는데, 위치 질서의 정도에 따라 네마틱^{nematic} 상과 스멕틱^{smectic} 상으로 구분되며, 분자의 비대칭성^{chirality}에 따라 카이랄^{chiral} 액정과 비카이랄^{achiral} 액정으로 나뉩니다. 카이랄 네마틱 액정은 콜레스테릭^{cholesteric} 액정으로도 부르는데, 이는 처음 발견된 액정인 콜레스테롤이 카이랄 네마틱 액정이었기 때문입니다. 네마틱 상은 단지 방향 질서만을 가지고 있는 액정 상이며 스멕틱 상은 방향 질서와 함께 1차원 또는 2차원의 위치 질서를 가지고 있는 상입니다.

액정 상태에서 분자들은 특수한 배열을 하고 있습니다. 자연 상태의 액정은 약 3,000여 종 이상이 있으나, LCD에 이용되는 것은 주로 온도 전이형 액정에 속합니다. 전압이나 자력, 기타 외부의 힘에 의해서 분자의 배열 방향이 쉽게 제어되는 성질을 가지고 있기 때문이죠. LCD용 액정은 배열 구조의 차이에 따라 세 종류, 즉 콜레스테릭^{cholesteric}, 네마틱^{nematic}, 스멕틱^{smectic}으로 분류할 수 있습니다.

 더 생각해보기

- 합성어인 '액정'의 특징을 '액체'와 '결정'으로 각각 묘사해 보자.
- 온도 전이형 액정(Thermotropic LC)과 농도 전이형 액정(Lyotropic LC)을 좀 더 깊게 구분해 보자.

네마틱 액정

네마틱nematic은 그리스 어원으로 '실'에서 유래되었습니다. 실이 지나가듯이 방향 질서만 있고 위치 질서는 없는 거죠. 만일 액정 분자들이 위치 질서까지 가지는 경우에는 스멕틱 상으로 불리며, 이는 네마틱 상보다 유동성이 작고 층 구조를 이루는 특징이 있습니다. 네마틱 액정은 막대 모양의 분자들이 서로 평행하게 스스로 배열하고 있습니다. 각각의 분자들은 위치가 고정되어 있지 않고 장축 방향으로는 비교적 자유로이 이동할 수 있습니다. 이 때문에 유동성이 높고 점도는 낮습니다. 분자들

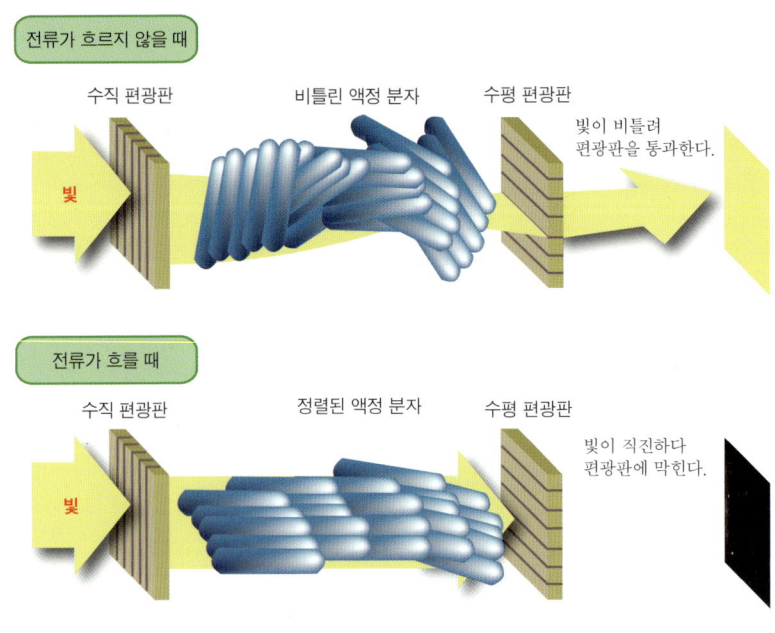

네마틱 액정 분자의 전기적 거동

간의 상호작용이 존재하여 방향성을 가지며, 굴절률·유전율·자화율 등의 전기광학적 특성들에 대해 이방성을 보입니다.

현재, 디스플레이를 포함하여 대부분의 전기광학 소자로 사용되는 액정은 네마틱 액정입니다. 특히 LCD 분야에서는 단연코 가장 중요한 상입니다. 즉, 전기적 이방성을 가지므로 외부에서 인가한 전기장에 반응하여 액정 분자가 전기장의 방향에 평행이나 수직으로 나열되며, 이때 액정을 통과하는 빛의 편광이 변하는 성질을 이용한 것이 네마틱 액정 디스플레이입니다. 액정의 상들 중에서 매우 단순하고 낮은 수준의 질서를 가지고 있어서, 균일한 소자를 대면적으로 제작할 수 있고 동역학적 성능도 우수하죠. 또한 분자 간 상호작용이 비교적 단순하며 이론적인 해석이 충분히 이루어져 있기도 합니다.

● 네마틱 액정들은 전기장이 인가되었을 때, 어떻게 움직여 갈까? 3차원으로 생각해 보자.

스멕틱 액정

스멕틱 A

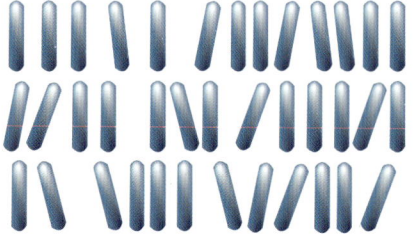

층 표면의 분자 배향이 수직이며 층 내에 질서가 없다.

스멕틱 B

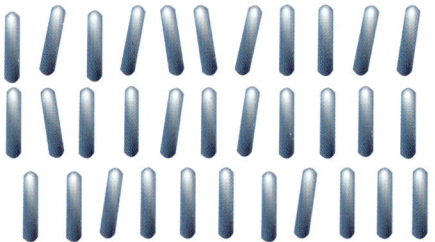

층 표면의 분자 배향이 수직이며 층 내에 질서가 있다.

스멕틱 C

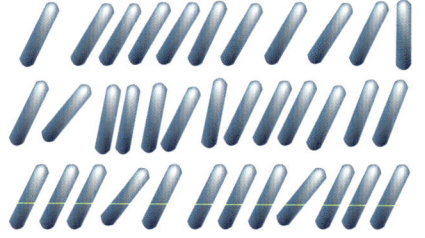

층 표면과 분자 배향 사이에 경사각이 있다.

스멕틱 액정의 분류

스멕틱smectic이라는 용어는 그리스 어 '비누'에서 유래되었습니다. 분자들은 방향 질서와 함께 위치 질서도 이루고 있죠. 스멕틱 액정은 막대 모양의 분자들이 층 구조를 형성하며 각 층들은 평행으로 배열되고 층 내에서 분자들은 거의 수직으로 서 있는 구조입니다. 분자 층 사이의 결합은 비교적 약해 비누처럼 서로 미끄러지기 쉬운 특성을 가지며, 이 때문에 스멕틱 액정은 2차원적으로 유체의 성질을 나타냅니다. 각 층들이 전체적으로는 자유로이 움직이는 반면에 층 내에서 분자들의 이동은 제한됩니다. 그러므로 네마틱 상에 비해 약간은 더 단단한 물질을 만들며, 액체에 비하면 점도는 매우 높습니다. 전기광학적 응답 특성을 가지므로 역시 LCD에 사용될 수 있습니다.

더 생각해보기

● 스멕틱 액정, 카이랄 구조, 강유전성 들은 어떤 의미들로 서로 연결이 될까?

콜레스테릭 액정

 카이랄 네마틱$^{chiral\ nematic}$ 액정은 네마틱 액정에 주기적인 나선 구조를 유도하는 카이랄 첨가물$^{chiral\ dopant}$이 첨가된 액정으로, 네마틱 액정의 방향자가 나선 축을 따라 꼬이면서 배열된 나선형의 구조를 가집니다. 이는 콜레스테릭^{cholesteric} 액정으로도 부르는데, 이는 처음 발견된 액정인 콜레스테롤이 카이랄 네마틱 액정이었기 때문입니다. 참고로 콜레스테릭은 그리스 어로 '쓸개, 담'의 뜻을 가집니다. 여하튼 발견된 후로 네마틱 액정에 카이랄 첨가물을 섞어 동일한 분자 구조를 갖는 액정을 만들게 되었고, 이를 카이랄 네마틱 액정이라 명하게 되었죠. 두 액정 상의 분자 구조가 동일하므로 두 단어는 동일한 의미로 사용됩니다.

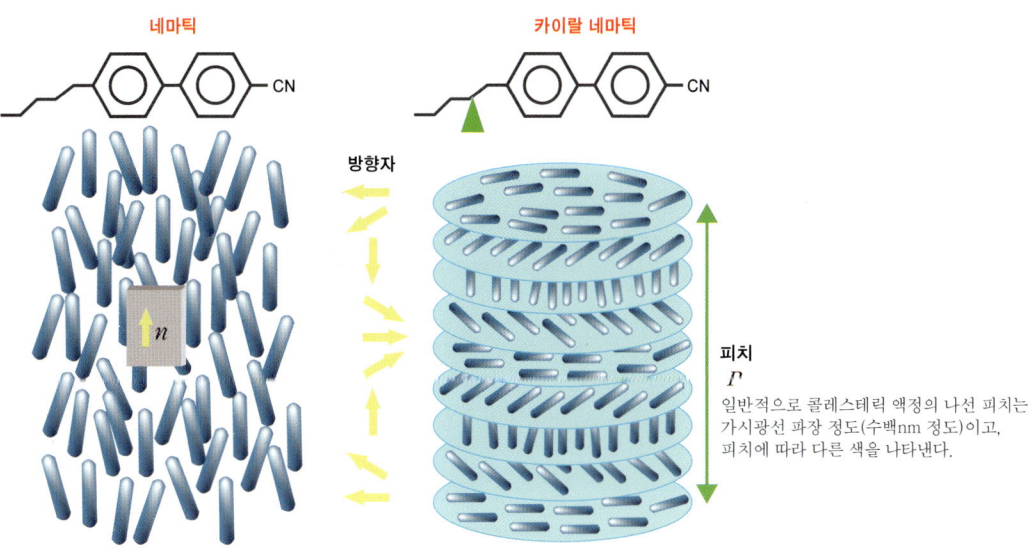

카이랄 네마틱 액정

카이랄성

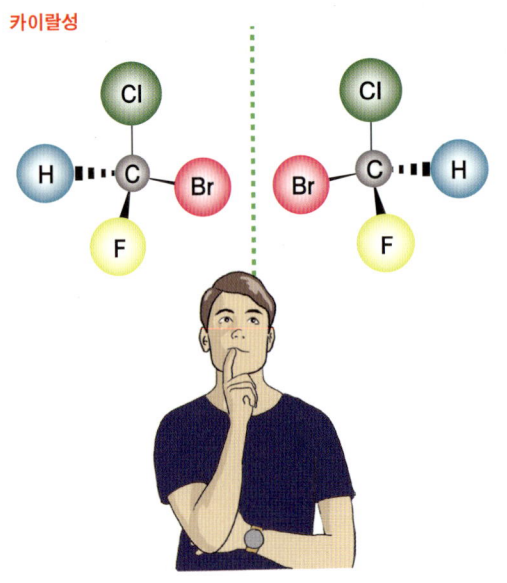

두 개의 거울상 형태가 3차원에서 중첩될 수 없는 분자는 카이랄이다. 카이랄이라는 단어는 '손'을 의미하는 그리스 어 cheir에서 파생되었다. 카이랄성은 4개의 다른 그룹에 부착된 탄소를 포함하는 분자에서 가장 자주 발생한다.

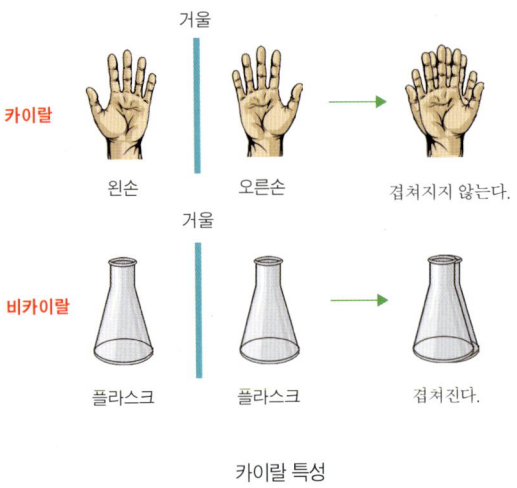

카이랄 특성

콜레스테릭 액정의 나선 방향은 카이랄 단위에 의해 결정되는데, 그 주기를 나선 피치라고 부릅니다. 피치가 작은 경우, 나선 축이 광학적 축으로의 역할을 하죠. 따라서 콜레스테릭 액정의 광학적 특성은 나선 축의 방향에 의해 결정됩니다. 즉, 나선 피치에 상당하는 파장의 빛에 대해 카이랄성(chirality), 편광 및 빛의 선택적인 반사와 색상 조절 특성을 나타내는데, 이러한 성질을 이용하여 광학 장치를 생산하려는 시도가 진행 중입니다. 예를 들어, 콜레스테릭 액정이 300~1100nm 카이랄 피치를 가지게 되면 그 범위 대에 상응하는 파장 범위의 자외선, 가시광선 및 근적외선을 반사할 수 있습니다. 즉, 카이랄 피치를 조절함으로써 광결정 기반의 자외선이나 근적외선 차단제, 색조형 화장품 등으로 적용할 수 있습니다. 이와 함께 광메모리 소재나 광 기록 매체에 쓰이는 광학 소재로도 유망합니다. 또한 콜레스테릭 액정은 온도에 따라 색이 민감하게 변하므로 온도 표시 소자로도 사용됩니다.

아울러 디스플레이나 스마트 윈도우 영역에서도 반사 또는 산란되는 색이나 빛의 투과도를 조절하여 응용할 수 있습니다. 응용의 한 예로 LCD에 사용될 수 있는 반사형 편광막을 들 수 있습니다. 즉, 편광판을 통과하지 못하는 빛에 대해 콜레스테릭 반사형 편광막을 적용, 편광 상태를 변환하여 재활용할 수 있도록 하는 연구도 진행 중입니다. 이와 함께 광 투과율이 높은 컬러 필터에도 활용할 수 있어 LCD의 낮은 효율을 증가시킬 수 있을 것으로 기대되며, 전자책용 디스플레이로도 활용이 가능합니다.

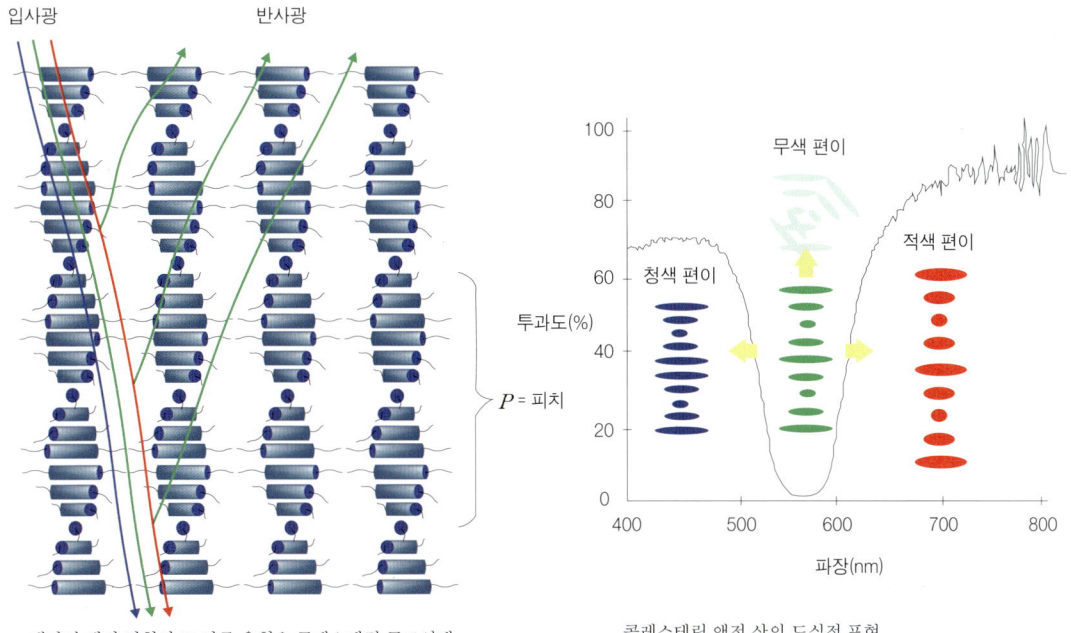

네마틱 액정 변형의 또 다른 유형은 콜레스테릭 구조인데, 이 중간상을 형성하는 많은 화합물이 콜레스테롤의 유도체이기 때문에 명명되었다.

콜레스테릭 액정 상의 도식적 표현. 콜레스테릭 피치 P는 예를 들어 녹색 반사 폴리머 필름으로 이어지는 반사 밴드의 파장을 결정한다.

콜레스테릭 액정의 광학적 특성

더 생각해보기

- 콜레스테릭 액정, 카이랄 구조는 어떤 모습일까? 3차원적으로 묘사해 보자.
- 콜레스테릭 액정의 전기광학적 특성도 더 알아보자.

액정 디스플레이 알아가기

수식으로 원리를 잡다!

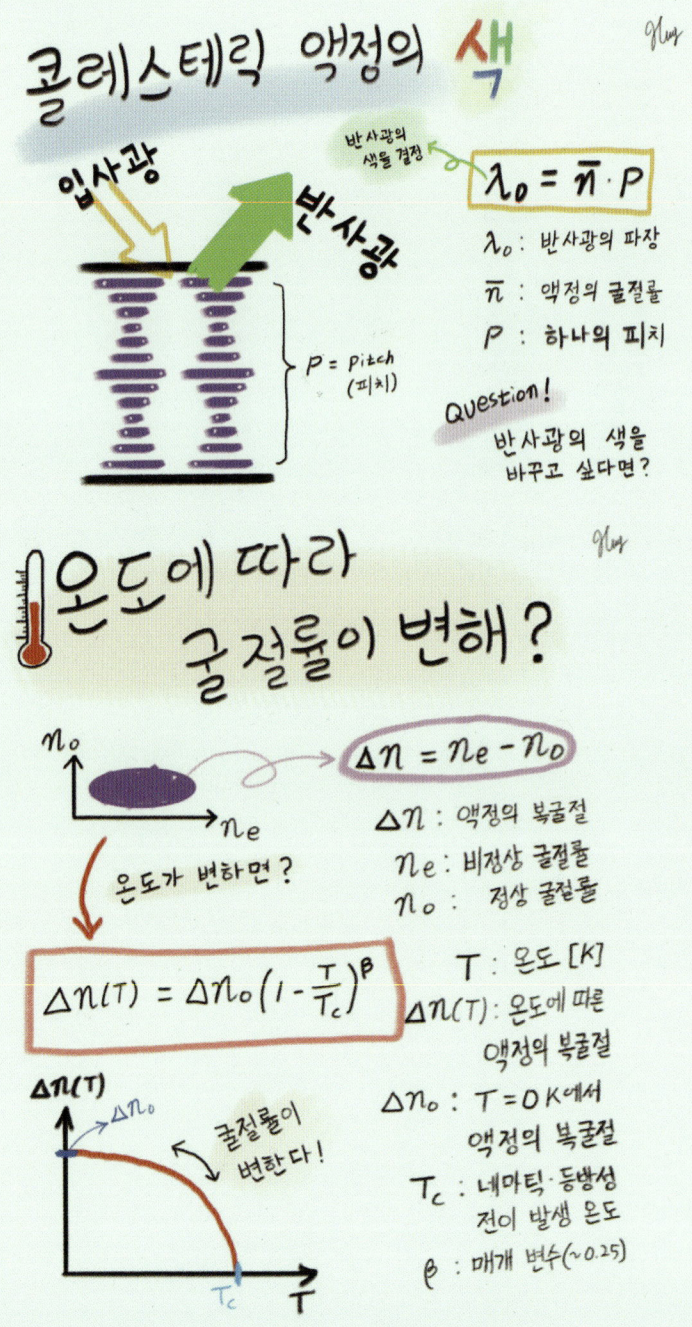

인력과 척력

우주와 지구, 모든 물질들은 원자로 이루어집니다.
원자들 사이에는 두 가지 힘, 즉 인력과 척력이 존재합니다.
서로 당기는 힘과 밀어내는 힘이죠.
원자들이 두 힘의 균형을 잘 유지하면 안정한 상태인 고체가 됩니다.
두 힘이 다소 균형을 잃으면 흘러가는 액체(물)가 되고,
균형을 아주 잃으면 뿔뿔이 흩어지는 기체(공기)가 됩니다.
사람 사는 일도 그렇습니다.
너무 집착을 해도, 너무 외면을 해도 균형을 잃게 됩니다.
자연도 심지어 사물에 대한 이치도 그렇다고 생각합니다.
나 홀로 믿는 삼라만상의 진리일지도 모르겠습니다만~

균형

너무 멀어지지 마
너무 다가서지 마
영원히 함께라면

A stable state of a bond;

is when attraction forces balance repulsion forces.

"A chemical bond is a stable state between two atoms or two molecules

that attract each other with a force that equals the force that they repel each other."

액정의 주요 특성

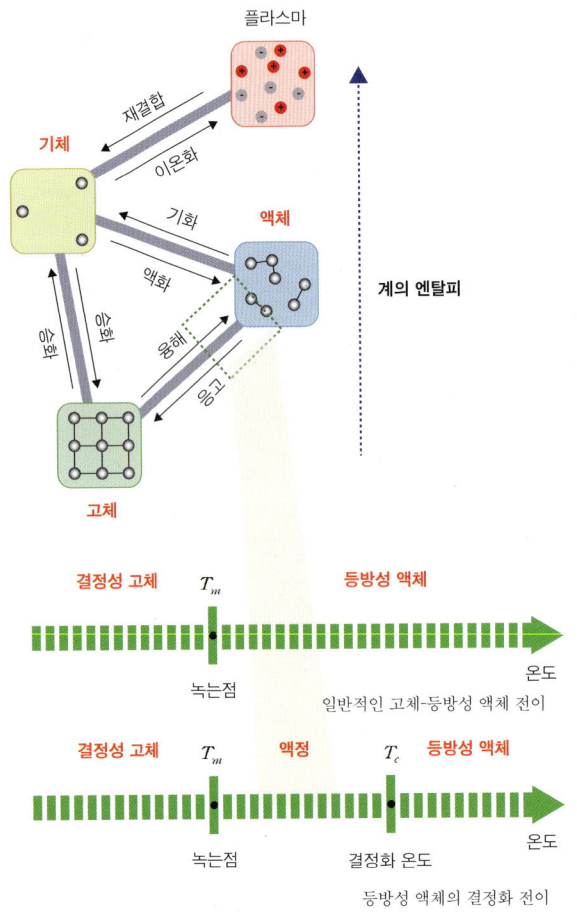

액정의 2중성

물질의 상태는 주로 세 가지, 즉 고체·액체·기체로 구분됩니다. 조금 더 들어가서 이온화된 기체를 플라스마 상태로 따로 이야기하기도 하죠. 따로 이야기하는 또 하나의 물질 상태가 액정입니다. 즉, 고체와 액체의 중간 상태인 고체의 규칙과 정렬성, 액체의 유동성을 함께 지니고 있죠. 이와 같이 액정은 액체와 고체 결정의 2중성을 지닌 물질답게 다양하고 흥미로운 물리, 화학, 전기광학적 특성들이 있습니다.

고체와 액체, 2중성을 지닌 액정은 보통 비대칭적인 모양(가늘고 긴 막대 모양, 타원형 등)을 하고 있으며, 인접한 분자들에 맞추어 정렬되려는 성향이 있습니다. 그리고 분자의 모양에 따라 또는 분자들의 정렬 방향에 따라 기계적, 전기적, 광학적 특성 등이 달라지는 이방성anisotropy을 지니게 되죠. 이러한 특성들로는 점성(점도·점성률)·유전율·전도도·굴절률·자화율 등이 있으며, 외부로

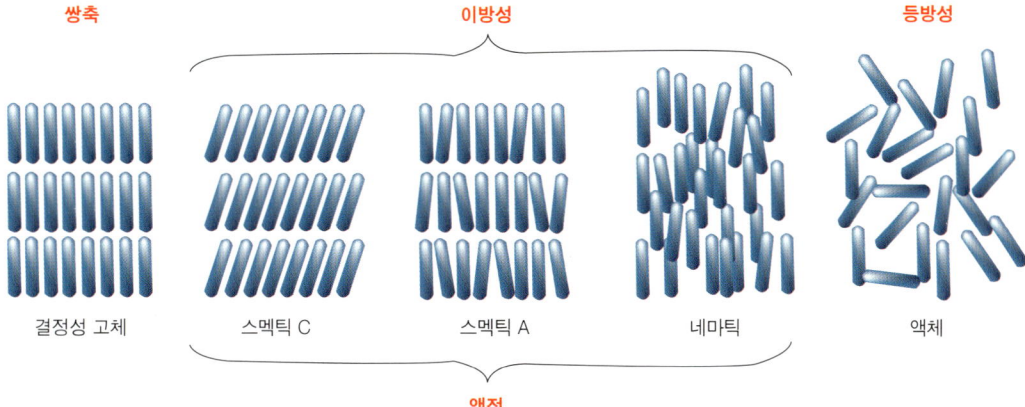

이방성

부터 열·자계·전계 등을 인가하면 분자 배열이 변하면서 전기광학적인 특성들 또한 변하게 되죠. 예를 들어, 액정은 분자 내에서 장축 방향과 단축 방향으로 서로 다른 분극polarization의 차이를 보입니다. 따라서 유전율 이방성이 존재하며, 장축 방향으로의 유전율과 단축 방향의 유전율 간에 차이가 생깁니다. 액정에 전기장을 인가할 경우, 전기장에 의해 유도되는 쌍극자 모멘트에 의해서 액정의 분극이 더 큰 쪽이 전기장과 평행한 방향으로 정렬되도록 힘을 받게 됩니다. 이 원리에 의해서 전기장으로 액정의 움직임을 제어할 수가 있죠. 즉, 액정 분자들은 전압이 인가되면 전기장에 따라 이동하거나 회전합니다.

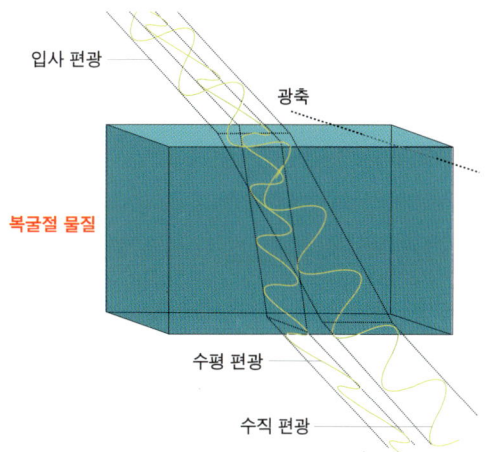

빛이 네마틱 액정과 같은 복굴절 물질에 입사되면, 빛은 빠른 성분(정상 광선)과 느린 성분(이상 광선)으로 분리된다. 이 두 요소가 서로 다른 속도를 가지기 때문에 파동의 위상은 바뀐다. 이러한 위상 차이로 인해 복굴절 물질을 통과한 두 개의 광선이 재결합하면, 빛의 편광 상태가 변화한다.

복굴절

또한 굴절률에도 이방성이 존재하죠. 빛이 매질을 나아갈 때 매질의 밀도가 다를 경우 빛이 매질을 통과하는 속도에서도 차이가 발생합니다. 이를 빛의 굴절 현상이라 하며 굴절률이라는 상수로 표현합니다. 굴절률은 빛의 진동 방향에 따라 달라집니다. 빛이 액정 분자를 통과할 때, 액정 분자는 축의 방향에 따라 서로 다른 전자 밀도를 가지므로 빛도 장축과 단축에 대해 서로 다른 위상차를 보이게 됩니다. 이로서 굴절률 이방성이 나타나며, 역시 장축 방향으로의 굴절률과 단축 방향으로의 굴절률

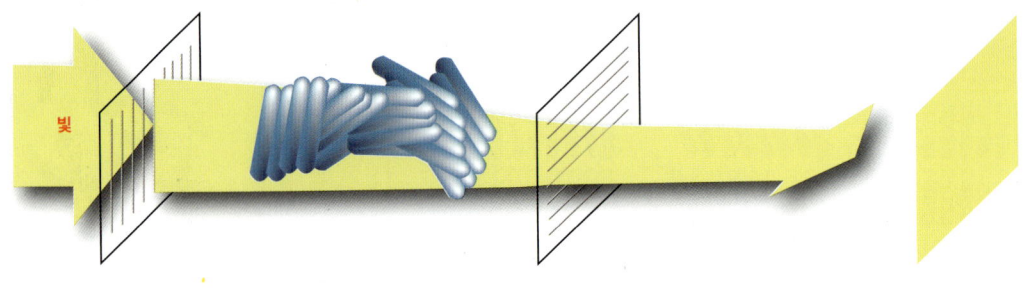

광활성

간에 차이가 생기게 되죠. 결국 유전율 이방성으로 인해 전기적 제어가 가능해지고, 굴절률 이방성으로 인해 광학적 차이를 유발할 수 있게 됩니다.

이러한 이유들로 액정 분자에 선(先)편광된 빛이 입사될 경우, 액정 분자의 방향이나 위치가 점진적으로 변하면 편광 방향이 분자의 방향을 그대로 따라가는 일종의 광활성 optical activity 을 가집니다. 즉, 액정이 빛(전기장)에 의해 분극되는 정도가 막대의 길이 방향과 이에 수직인 단면 방향에 대해 차이가 있기 때문에(보통의 액정은 길이 방향으로의 분극이 더 잘 일어남) 유전율과 굴절률에서 방향에 따른 차이가 있고, 막대 방향이 광축이 되는 복굴절 물질이 됩니다.

LCD에 주로 사용되어 온 액정은 네마틱, 스멕틱, 콜레스테릭 액정이며, 막대 모양으로 생긴 분자들의 집단입니다. 앞서 언급하였듯이 각각 고유의 규칙들로 분자들이 배열되어 있기 때문에 분자의 장축에 평행한 방향과 직각인 방향에 대해 물리적 특성들이 서로 다른 이방성을 가지게 되죠. 따라서 액정 분자들의 방향이 변하면 액정의 전기광학적인 특성들도 달라지게 됩니다. 이러한 이방성에 더하여, 액정은 전기장·자기장·응력 등이 외부로부터 인가되면 물리적으로 반응을 하죠. 여기에서는 다양한 액정의 특성들에 대해 LCD와 직접적인 연관성이 있는 특성들을 화학적, 기계적, 전기적, 광학적, 전기광학적 특성들로 구분하여 살펴봅니다. 그리고 기본적으로는 디스플레이에 범용성이 있으며, 널리 사용되어 온 네마틱 액정을 대상으로 하여 설명을 이어가고자 합니다.

 더 생각해보기

- 액정들은 유전율 이방성을 가지므로 전기장에 의해 움직이며 정렬이 된다. 왜 그렇게 될까?
- 액정들은 굴절률 이방성을 가지므로 빛의 방향이 바뀐다. 왜 그렇게 될까?
- 액정들은 유전율과 굴절률 이방성을 가지므로 광활성을 가진다. 왜 그렇게 될까?

액정의 구조와 거동

액정의 종류는 실로 다양합니다. 다만 LCD에 사용하는 액정은 주로 막대형으로 방향성을 지니고 있는 네마틱 액정입니다. 이를 기초로 하여 액정 분자의 기본 구조를 살펴보죠. 길다란 모양의 분자 구조로, 양쪽 터미널terminal에서 머리 쪽은 전기적으로 극성을 리드하고 꼬리 쪽은 유연성을 주로 제공합니다. 몸통 부분은 메조겐 그룹mesogenic group들로, 비교적 강한 막대 모양의 분자 구조를 가지며 복굴절 효과에 기여합니다. 각각의 구조들은 연결부linker들로 이어져 있으며, 이와 함께 몇몇 측면 그룹side chain, end group들이 존재하면서 액정의 유연성, 점도 등을 조절하고 필요한 반응이나 상호작용을 유도하기도 합니다. 이러한 액정 분자의 크기는 대략 폭은 수 옹스트롬, 길이는 수십 옹스트롬 정도죠.

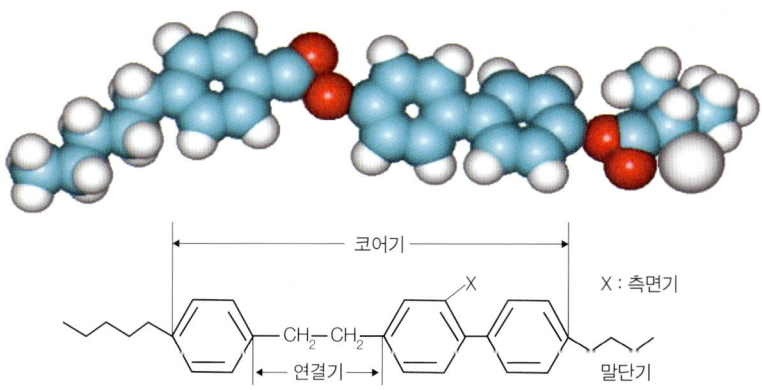

- 말단기 : 알킬기, 알콕시기, CN, 할로겐 등
- 코어기 : 벤젠, 사이클로헥세인
- 측면기 : H, 할로겐, CN, OH, NO_2 등
- 연결기 : 에스터, 에틸렌, 메톡시기, 아세틸렌

액정 분자의 구조와 모양(ICML Hanyang University)

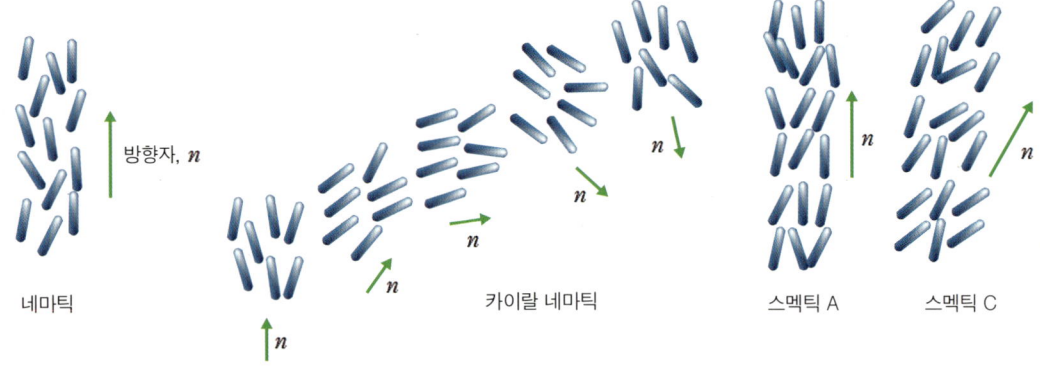

액정 분자들의 배열

분자의 상태는 물리적 자유도degree of freedom를 기반으로 하여 위치와 방향으로 구분할 수 있습니다. 액체의 경우에는 각 분자의 위치와 방향이 모두 불규칙적으로 배열arrangement되며, 고체 결정의 경우에는 위치와 방향에 규칙이 있죠. 액정의 경우에는 대부분 분자의 위치는 액체와 같이 불규칙하지만 방향은 어느 정도의 규칙성을 가지고 배열됩니다. 실제로는 각각의 액정 분자들은 열적 요동에 의해서 계속 움직이고 그 방향도 조금씩 서로 다릅니다. 하지만 평균적으로는 분자들이 특정한 방향으로 정렬되는 성향을 보이기 때문에 방향성은 어느 정도의 규칙성을 가집니다. 왜냐하면 액정 분자들은 분자들 간에 서로 끌어당기는 인력attraction force이 작용하여 평행하게 배열되는 성향이 있기 때문입니다. 배열되는 모양과 방향들을 고려하여 네마틱 액정, 스멕틱 액정(A형과 C형 등), 카이랄 네마틱 혹은 콜레스테릭 액정 등으로 구분할 수 있음은 앞서 설명한 바 있습니다.

이러한 배열의 정도는 방향자director n으로 나타낼 수 있으며, 이는 거시적인 측면에서 일정 영역 내의 분자들이 평균적으로 정렬한 방향을 표시합니다. 이러한 방향자와 개개의 액정 분자들이 취하는 장축 방향 간의 사잇각을 고려하여 정렬 인자order parameter S를 정의하고 방향성을 표현합니다. 그리고 액정을 가두는 공간의 계면인 상하부 기판의 표면에서의 액정 정렬 상태, 즉 액정의 배향alignment이 공간 내 액정 분자들의 배열 상태를 결정하게 되죠. 즉, 상부와 하부에서 표면 배향된 액정 분자들을 기준으로 상호작용을 통하여 나머지 액정 분자들의 배열이 이루어집니다.

액정을 LCD에 사용하기 위해서는 일정한 공간, 즉 두 장의 기판 사이에서 균일하고 안정된 분자 배열과 전기 신호에 대해 규칙성과 재현성이 있는 움직임인 배향이 필요합니다. 기판 사이에서 액정 분자들이 배열되는 방식은 주로 일곱 가지로 분류되죠. 수평homogeneous 배열에서는 액정 분자들이 양쪽 기판 면에 대하여 평행으로 방향도 같으며, 수직homeotropic 배열에서는 기판 면에 수직으로 역시 방

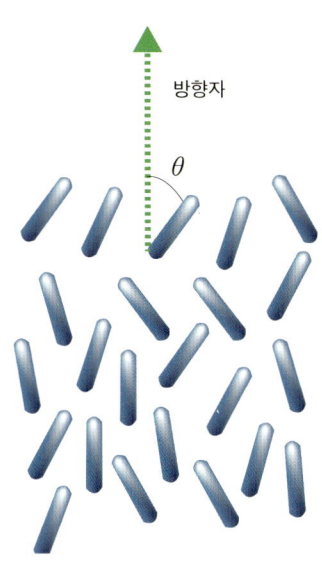

방향 질서도
- 액정의 요구되는 배열 방향이 화살표(↑)라고 가정하면, 이 방향은 화살표로 표시 가능한 방향자라고 불린다.
- 각각의 분자는 방향자로부터 어느 정도의 각도만큼 틀어진 상태로 배열된다. (틀어진 각도는 각각의 분자마다 다른 값을 가지며 평균값을 대푯값으로 취한다.)

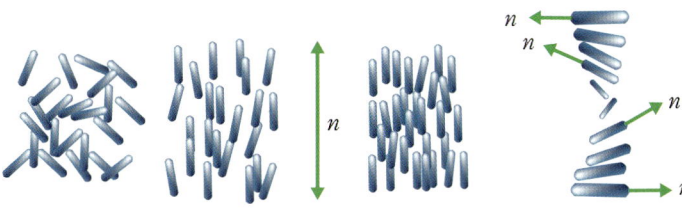

방향자(Director)
- 평균 분자 방향은 우리에게 네마틱 액정의 연속체 이론을 만드는 데 사용될 수 있는 거시적 의존 변수를 제공한다.
- 주요 종속 변수는 방향자 n과 유체 속도 v이다.
- 다른 종속 변수로는 전기장 E, 정렬 인자 S, 이온 불순물의 밀도가 있다.

방향자

향은 같습니다. 하이브리드^{hybrid} 배열에서는 액정 분자들이 한 쪽 기판 면에서는 수평으로 동일 방향이고 다른 쪽 기판 면에서는 수직으로 동일 방향인데, 중간의 액정 분자들이 90도로 틀어지면서 누워 있다가 일어서는 자세들로 배열을 잇고 있습니다. 선경사^{pretilted} 배열에서는 액정 분자들이 양쪽 기판에 대하여 일정한 각도로 기울어져서 배열되고 배열 방향은 같죠. 꼬인^{twisted} 배열의 경우 두 기판에 접하는 액정 분자들은 평행으로 배열되어 있으나, 배열 방향이 상호 90도로 틀어져 있어 중간의 액정 분자들은 연속적으로 조금씩 꼬이면서 배열됩니다. 즉, 누워서 조금씩 회전하는 방향으로 배열되죠.

표면 고정
- 액정 분자와 기판 간의 상호작용은 액정 소자에서 매우 중요한 부분이다.
- 물리적 혹은 화학적 표면 처리는 액정 분자가 기판에 수평 또는 수직으로 배열될 수 있도록 유도한다. 이 상호작용은 표면 고정 에너지로 측정될 수 있다.
- 표면에서의 배열은 거시적 거리에 걸쳐 퍼진다.

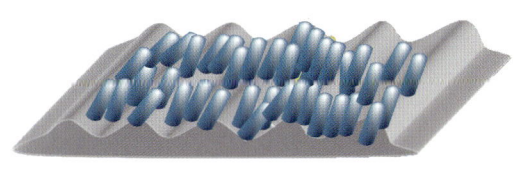

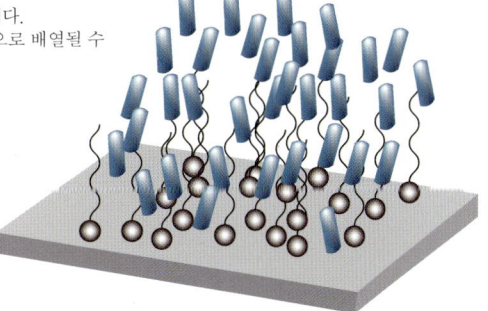

미세 홈이 있는 표면 (수평 배열) 고리가 모여 있는 표면 (수직 배열)

액정 분자들의 배향

평면planar 배열일 경우 액정 분자들이 두 기판 면에 평행하게 누워 있는 소용돌이 모양의 나선형 배열로, 나선축이 두 기판에 수직으로 위치하고 있습니다. 이는 그랜드진Grandjean 배열이라고도 합니다. 초점 원뿔형focal conic 배열은 그랜드진 배열이 누운 형태로 나선축이 두 기판에 평행하도록 배열된 상태이나, 나선축 방향이 정확히 일치하지는 않습니다.

이러한 액정 분자들의 배열에서 기준이 되는 부분은 양쪽 기판의 표면입니다. 이곳에서 분자들을 어떻게 배열시키는가에 따라서 두 기판 표면의 액정 분자들을 잇는 중간 영역의 액정들의 배열도 결정이 되죠. 기판 표면의 액정 분자들을 인위적으로 배열하고 고정anchoring한 뒤 다른 분자들도 이에 준하여 규칙적으로 배열되도록 하는 것을 '액정 배향'이라고 하는데, LCD 제작에서 중요한 공정 중의 하나입니다. 액정 분자들이 기판에 대해 취하는 방향에 따라 수직 배향, 수평 배향, 경사 배향 등으로 구분하죠. 그리고 물질의 상태(고체 또는 액체)는 정렬 인자order parameter로 표현되는데, $S=1$인 경우에는 고체이고, $S=0$은 액체를 의미하며, 액정의 경우에는 1과 0의 중간값을 가지게 됩니다.

더 생각해보기

- 액정 분자를 인체로 묘사하고 각 부위의 역할도 생각해 보자.
- 액정들의 배열과 정렬 성향은 사람들의 무의식적인 집단 행동과 비유될 수 있을까?
- 액정들의 배열 방식을 그림과 기호들(정렬 인자, 방향자, 각도 등)로 묘사해 보자.

수식으로 원리를 잡다!

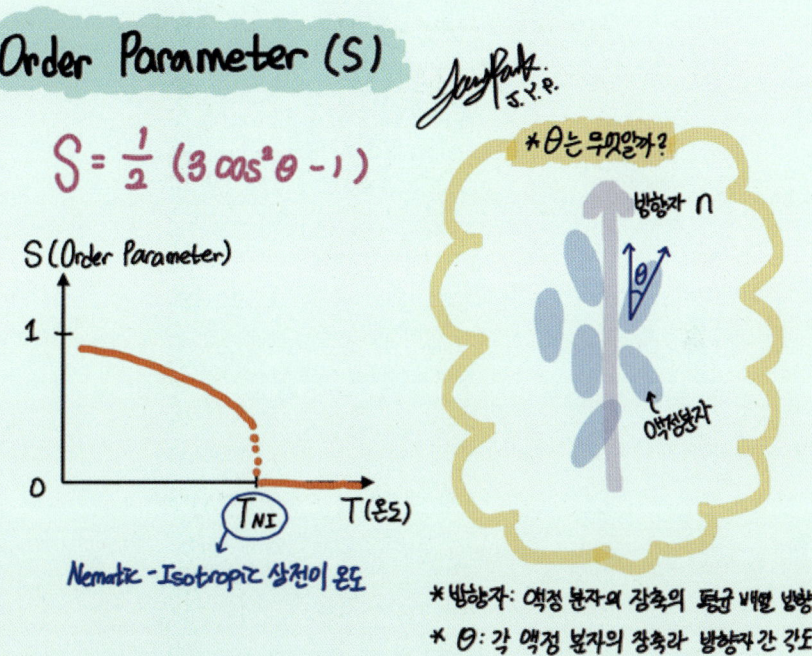

Order Parameter (S)

$$S = \frac{1}{2}(3\cos^2\theta - 1)$$

S (Order Parameter) vs T(온도) 그래프, T_{NI} 지점
Nematic - Isotropic 상전이 온도

* θ는 무엇일까?
방향자 n
액정분자

* 방향자: 액정 분자의 장축의 평균 배열 방향
* θ: 각 액정 분자의 장축과 방향자 간 각도

Order Parameter (S)는 네마틱 액정상에서 액정의 방향 질서도에 대한 정의식이다. 수식에서 각도(θ)는 액정 분자의 장축이 평균 방향(n, 방향자)과 이루는 각도로, 각 액정 분자가 정렬하는 방향으로 볼 수 있다.
예를 들어, 고체와 같이 θ값이 일정한 경우에는 S=1이 되고, 액체와 같이 θ값이 랜덤일 경우에는 S=0이 된다.

온도 전이형 네마틱 액정의 방향 질서도는 온도에 따라 변화하고, 온도가 증가할수록 S값은 감소하게 되며 일반적으로 0.2~0.8 정도의 값을 가진다.

액정 디스플레이 알아가기

액정의 기계적 특성

액정의 변형과 복원에 관한 이야기로 넘어가 보죠. 액정의 변형은 외부에서 인가되는 전기장(또는 자기장), 액정과 경계를 이루는 표면 등에 의해 유도되며 액정 분자 간 상호작용이 이러한 변형을 억제하면서 평형상태를 유지하고 있습니다. 실제로 유체의 특성을 보이는 액정을 전기광학 소자로 제작하기 위해서는 제한된 공간에 가두어야 하므로 액정과 특정한 표면 사이의 상호작용이 액정의 변형에 영향을 주게 됩니다. 그러므로 액정 방향자(분자 장축의 평균 방향)의 공간적인 분포는 액정 분자들 간의 상호작용을 나타내는 탄성(변형) 에너지, 외부에서 인가되는 전기장(자기장)과 액정의 전기적(자기적) 상호작용인 전기에너지 그리고 가두는 공간을 형성하는 계면에서의 액정의 표면 고정 에너지 surface anchoring energy에 의해 결정됩니다. 이러한 세 가지 에너지의 합이 최소가 되는 액정 분포에서 평

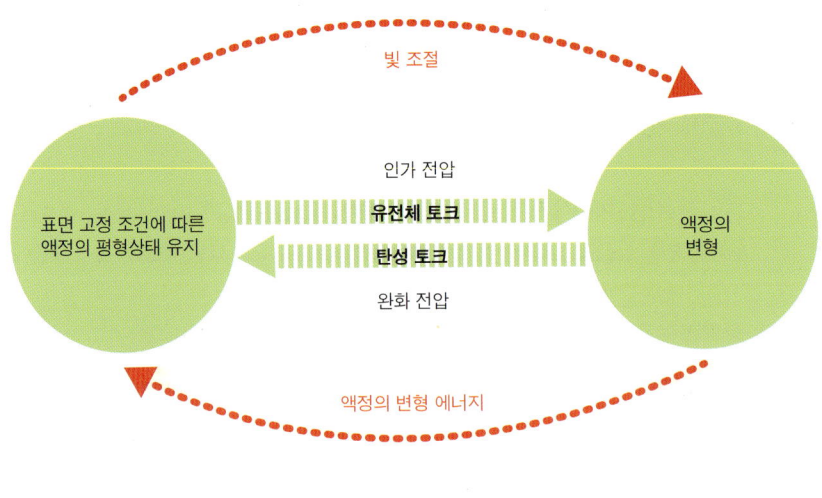

액정의 탄성 변형과 복원

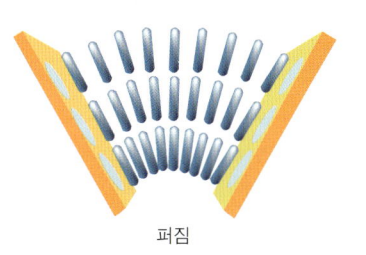
퍼짐

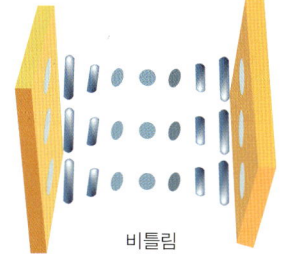
비틀림

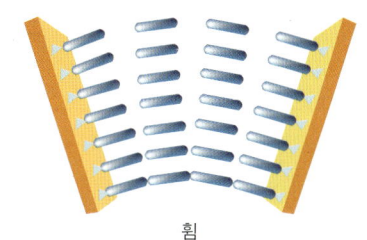
휨

액정의 변형
등방성 유체와 액정 사이의 주요 차이점 중 하나는 방향자 구조의 탄성 변형으로 인한 내부 응력(stress)을 유지하는 능력이다.

네마틱 액정에 의해 형성될 수 있는 변형
- 퍼짐: 막대 모양의 분자가 변형되도록 힘이 인가됨
- 비틀림: 분자의 배열이 회전되도록 야기함
- 휨: 분자가 휘어지도록 액정이 변형됨

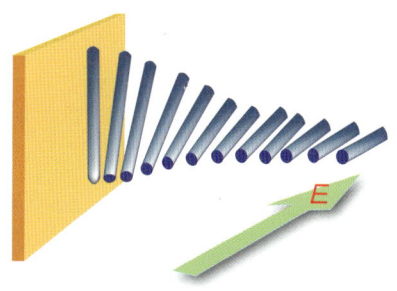

액정의 변형

형상태가 됩니다. 이상적인 평형상태에서는 액정 분자들은 평균적으로 일정한 방향으로 배열되죠.

그리고 액정 분자들이 평형상태에서 변형이 되면 원래의 상태로 돌아가려는 복원력restoring force이 발생합니다. 액정의 거시적인 변형은 탄성 연속체 이론을 바탕으로 해석되는데, 액정의 공간적 변형을 구성 분자들의 배열 상태로서 퍼짐splay, 비틀림twist, 휨bend의 세 가지 독립적 성분으로 나누어 표현할 수 있습니다. 이는 용수철의 변형에 따른 변형에너지와 비슷하죠. 평형상태에서 나란하게 정렬된 액정 분자들이 변형되었을 때, 액정의 탄성에너지는 저장된 에너지에 해당하며, 원래의 상태로 복원하려는 힘의 근원이 됩니다. 복원력의 크기인 탄성에너지는 변형된 정도에 비례하는데, 비례상수인 탄성계수 k(배열 상태를 나타내는 세 가지로 구분)와 평균 방향자 n의 어긋남으로 표현됩니다. 액정에 전기장이 인가될 경우 액정은 자유에너지가 최소가 되는 방향으로 배열하는데, 여기서 자유에너지는 탄성에너지와 전기에너지의 합에 해당합니다. 물론 전기에너지가 제로0, zero가 되면, 다시 평형상태로 돌아가게 되죠.

더 생각해보기
- 액정의 변형과 복원력을 용수철의 모델로 생각하고 표현해 보자

액정의 전기적 특성

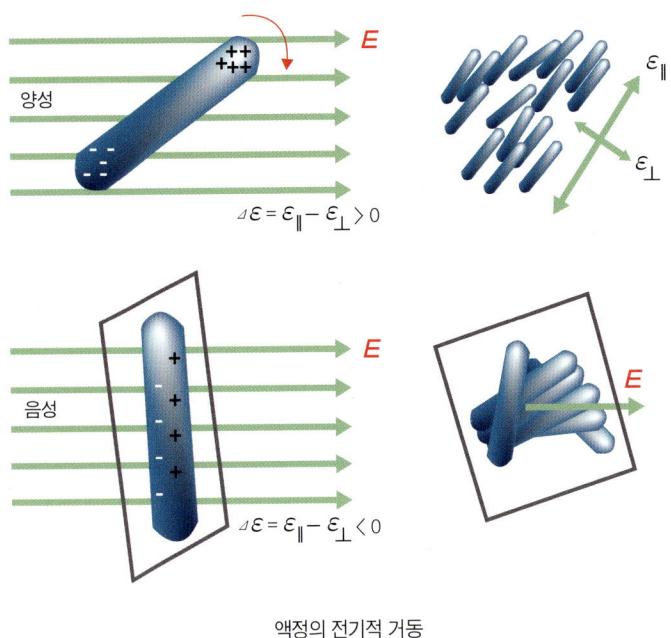

액정의 전기적 거동

액정은 분자 내에서 장축 방향과 단축 방향으로 서로 다른 분극polarization의 차이가 있습니다. 따라서 유전율 이방성이 존재하며, 장축 방향으로의 유전율과 단축 방향의 유전율 간에 차이가 생깁니다. 액정에 전기장을 인가할 경우, 전기장에 의해 유도되는 쌍극자 모멘트에 의해서 액정의 분극이 더 큰 쪽이 전기장과 평행한 방향으로 정렬되도록 힘을 받게 됩니다. 이 원리에 의해 전기장으로 액정의 움직임을 제어할 수가 있죠. 즉, 액정 분자들은 전압이 인가되면 전기장에 따라 이동하거나 회전을 합니다.

● 유전율 이방성, 분극, 전기장 인가에 따른 움직임을 관계로 설명을 이어가 보자.

액정의 광학적·전기광학적 특성

 액정의 전기광학적 특성은 전기장을 인가하면 액정 분자들의 배열이 바뀌면서 광 변조가 생기는 것입니다. 액정은 유전 이방성이나 전도 이방성, 자발 분극 등에 의해 배열이 바뀌고, 이로 인해 굴절 이방성, 즉 복굴절성에 기인하여 빛의 간섭·산란·편광 등의 변화가 일어나는 것이죠. 액정의 다양한 전기광학적 특성들에서 특히 LCD에 적용된 효과들을 중심으로 진행 과정을 살펴보죠.

 1963년에 미국 RCA사의 연구원인 리처드 윌리엄스R. Williams가 네마틱 액정에 전기장을 인가할 경우 광학적인 패턴이 형성되는 현상을 관찰하죠. 1968년에는 위소키J. Wysocki 등이 액정이 콜레스테릭 상에서 네마틱 상으로 상호 변환하는 상전이Phase Change, PC 효과를 발표합니다. 같은 해인 1968년에는 RCA의 조지 헤일마이어G. Heilmeier가 액정에 전압을 인가하여 불규칙한 패턴을 변화시켜 빛을 산란하도록 하는 동적 산란Dynamic Scattering, DS 효과를 실험하고, 염료(guest)를 함유하는 액정(host)에 전기장을

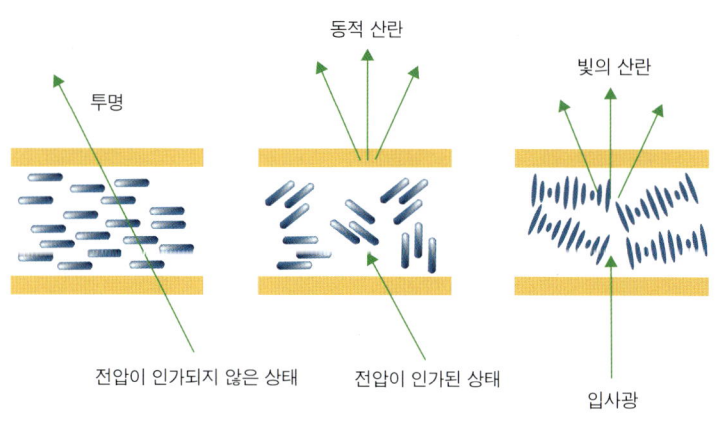

동적 산란

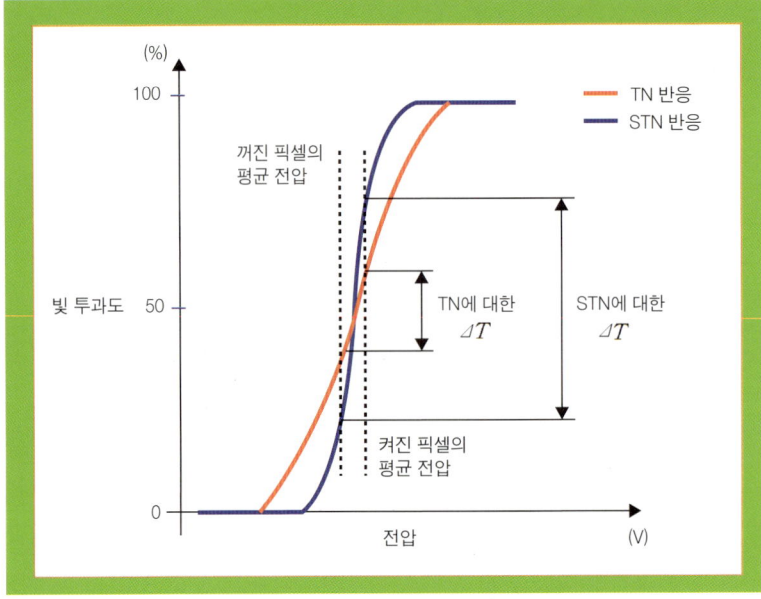

STND와 일반적인 TND의 반응 속도 비교
STND의 가파른 반응은 가능한 밝기 범위를 넓혀 준다.

인가하여 빛의 흡수율과 투과율을 제어할 수 있는 게스트 호스트[Guest Host, GH] 효과를 발표합니다.

또한 1971년에 미국 켄트 주립대의 제임스 퍼게이슨[James Fergason]과 스위스의 마틴 슈아트[Martin Schadt], 울프강 헬프리치[Wolfgang Helfrich]가 거의 동시에 액정의 비틀어진 배열을 이용하는 TN[Twisted Nematic] 효과를 개발하죠. 그리고 같은 해 시켈[M. Schiekel]과 하렝[M. Hareng]이 액정에 전기장을 인가하여 분자 배열을 변형시킴으로써 발생하는 복굴절 제어[Electrically Controlled Birefringence, ECB] 효과로 색을 변화시킵니다. 다음해인 1972년에 칸[F. Kahn]은 액정을 가열하거나 냉각하면서 광학적 특성을 연구하여 액정의 열광학[Thermo Optic, TO] 효과를 발표합니다. 1975년에는 클락[N. Clark]과 라저월[S. Lagerwall]이 카이랄 스멕틱 액정의 자발 분극으로 전기장에 대한 액정의 응답 속도를 한결 개선시키는 강유전성[Ferroelectric LC, FLC] 효과를 보고하죠. 그리고 1984년 셰퍼[T. Scheffer]에 의해 액정의 비틀림 각도가 180도에서 360도에 이르는 Super TN[STN]의 복굴절 효과가 발표됩니다.

이상과 같이 LCD에 적용될 수 있는 전기광학적 효과를 얻기 위해 다양한 액정과 분자의 배열, 광변조 특성 등이 연구되고 개발되어 왔습니다. 이러한 전기광학적 효과들은 열 효과형, 전류 효과형, 전계 효과형의 세 종류로 구분할 수 있습니다. 열 효과형의 경우, 전기장 인가에 더해서 온도를 올려주어야 하는 방식으로 콜레스테릭 액정과 스멕틱 액정이 해당됩니다. 전류 효과형의 경우에는 전기

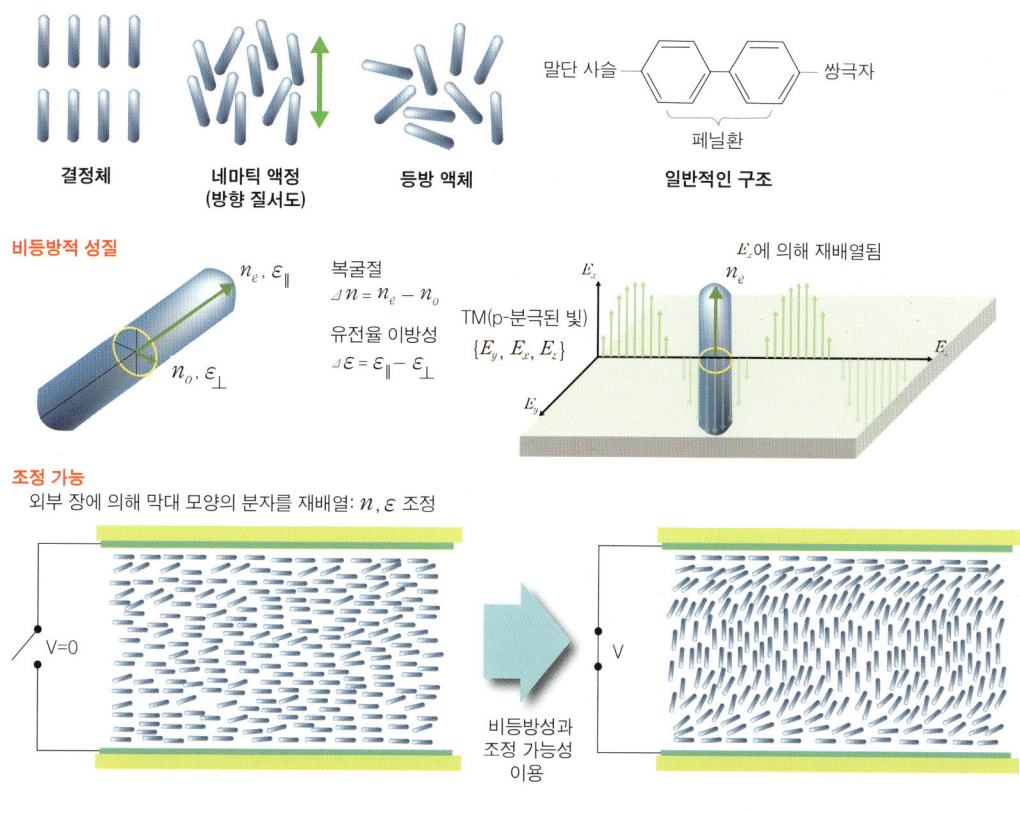

액정의 전기광학적 특성

전도도의 이방성과 전기장의 상호작용인 전도성 토크가 우세하게 작용하며, 동적 산란DS 액정이 대표적입니다. 전계 효과형은 다시 유전 이방성형과 강유전성형으로 구분되는데, 유전 이방성형 전기광학적 효과는 액정의 유전율 이방성과 전기장의 상호작용력인 유전성 토크로 발생하며, 강유전성형 전기광학적 효과는 강유전성 액정의 자발 분극과 전기장의 상호작용력으로 발생합니다. 유전 이방성형에는 상전이PC 액정, 게스트 호스트GH 액정, TN 액정, ECB 액정, STN 액정, IPS와 VA 액정 등이 해당되며, 강유전성형은 단안정성(비메모리형) 액정과 쌍안정성(메모리형) 액정으로 구분됩니다.

다음으로 액정이 LCD에 적용되는 데에 필요한 몇 가지 광학적인 현상들을 살펴보죠. 이러한 현상들, 즉 편광polarization of light과 편광자polarizer, 복굴절birefringence, 광활성optical activity 등에 대해 정리하고자 합니다. 앞에서는 액정과 관련된 전기광학적 특성의 발전 과정을 설명하였습니다. 이러한 전기광학적 특성을 조금 더 들어가 보죠. 물질에 전기장이나 자기장을 가하고, 심지어 변형을 가하게 되면

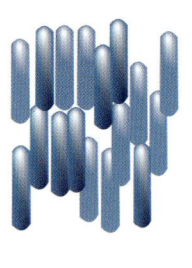
네마틱

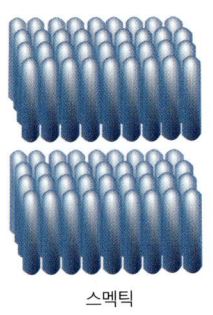
스멕틱

LCD용 액정 상

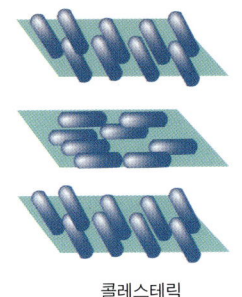
콜레스테릭

그 결정의 대칭성 등이 변경되어 복굴절을 띠지 않는 물질이 복굴절 물질이 되기도 하고, 활성을 띠지 않는 물질이 활성을 띠기도 합니다. 이와 같이 전기장에 의해 결정의 광학적 성질이 변하는 것을 전기-광학 효과 electro-optic effect, 자기장에 의한 경우를 자기-광학 효과 magneto-optic effect, 변형에 의해 광학적 성질이 변하는 경우를 광 탄성 photo-elasticity 효과라고 합니다. LCD에서는 액정의 전기-광학 효과를 이용하죠. 즉, 액정은 길쭉한 시가 모양의 분자들이 규칙적으로 배열된 상태로, 방향에 질서가 있어 결정이라고는 하지만 위치 면에서는 액체처럼 이동할 수 있습니다. 주로 세 종류의 액정 상이 LCD에 이용됩니다. 방향과 위치를 위주로 하여 특징을 보면, 네마틱 상의 경우에는 방향이 한 방향이며 위치는 자유로이 변할 수 있습니다. 다음으로 스멕틱 상의 경우 방향이 한 방향이고 위치는 평면상으로만 움직일 수 있으며, 이러한 상태의 층들이 층층이 쌓여 있죠. 그리고 콜레스테릭 상은 방향이 연속적으로 변해 나선 모양으로 배치되어 있습니다.

편광 현상은 빛의 파동성으로만 설명될 수 있는데, 전자기파가 진행할 때 파를 구성하는 전기장이나 자기장이 특정한 방향으로 진동하는 현상을 말합니다. 이 현상은 1809년 말뤼스 Etienne Louis Malus 에 의해 발견되었습니다. 실제 자연광은 모든 방향의 전기장과 자기장이 다양하게 포함되어 있어서 편광되지 않은 빛 unpolarized light 입니다. 일반적인 의미의 전자기파는 모든 방향으로 진동하는 빛이 혼합된 상태를 말하지만, 특정한 광물질이나 광학 필터와 같은 편광자를 사용해 편광된 상태의 빛을 얻을 수 있죠. 즉, 자유공간이나 무한한 길이의 균일한 매질을 진행하는 전자기파는 진행 방향에 서로 수직하는 전기장과 자기장으로 이루어집니다. 일반적으로 벡터를 이용하여 편광 상태를 설명하는데, 전자기파를 이루는 전기장과 자기장의 벡터는 서로 수직하고, 그 크기가 서로 비례하기 때문에 전기장의 벡터로 설명합니다. 이때 전기장을 x축과 y축, 수직한 두 벡터 성분의 합으로 구성된 임의의 벡터로 생각할 수 있죠. z축은 파의 진행 방향으로 가정합니다. 진행하는 전기장 벡터의 진폭은 정현파 곡선의 형태로 변화하며, 대부분의 전자기파에서 진동수와 진폭은 끊임없이 변화하는데 전자기파의 진행 방향 쪽에서 마주 보았을 때 그 벡터의 진동이 항상 일정한 방향을 가지는 것은 아닙니다. 시간에 따라서 xy평면 상에서 전기장 벡터가 어떻게 변하는가를 보면 직선을 그리는 경우가 있고 원이나 타원

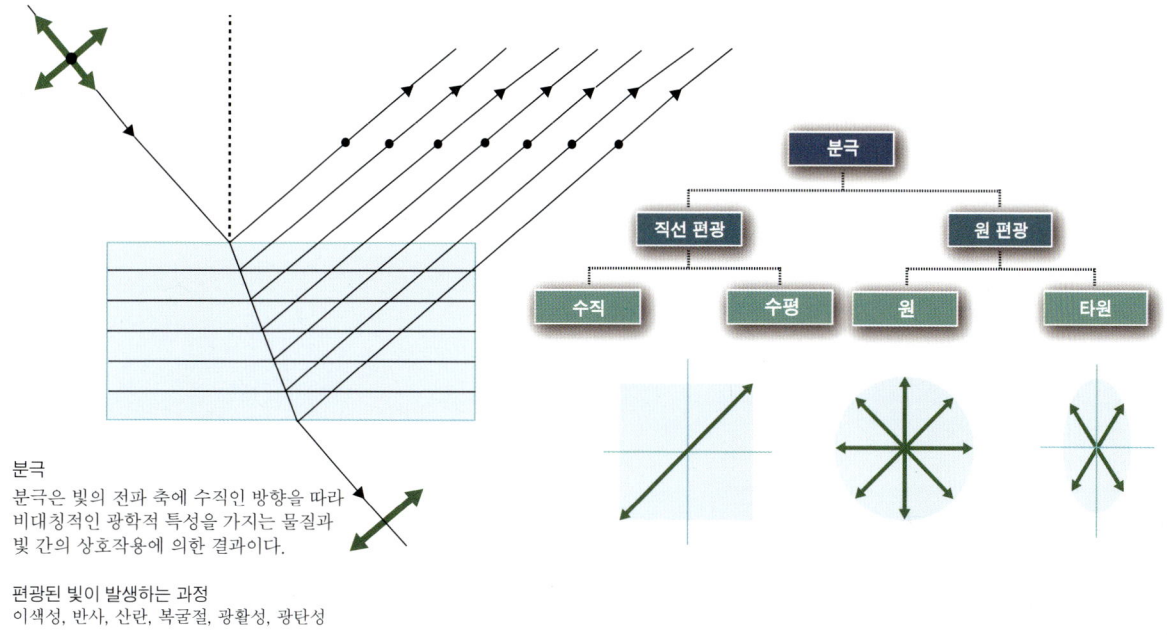

분극
분극은 빛의 전파 축에 수직인 방향을 따라 비대칭인 광학적 특성을 가지는 물질과 빛 간의 상호작용에 의한 결과이다.

편광된 빛이 발생하는 과정
이색성, 반사, 산란, 복굴절, 광활성, 광탄성

빛의 편광

을 그리는 경우가 있습니다. 이 궤적에 따라서 직선 편광linear polarization, 원 편광circular polarization, 타원 편광elliptical polarization으로 구분됩니다.

　직선 편광 또는 선 편광은 평면에 도달하는 전기장 성분들의 벡터 합이 특정한 방향으로의 반직선을 그리는 경우에 해당합니다. 원 편광은 벡터들의 합이 원형으로 계속 변화하는 경우로, 진폭에 변화가 없는 경우입니다. 이때 원의 궤적이 그려지는 방향에 따라 좌원 편광left-circular polarization과 우원 편광right-circular polarization으로 분류됩니다. 직선 편광도 원 편광도 아닌 모든 경우, 즉 전기장 벡터들이 크기와 방향이 바뀌면서 회전하는 경우가 타원 편광에 해당됩니다. 이는 가장 일반적인 편광이며, 사실 직선 편광과 원 편광도 넓은 의미에서는 타원 편광에 속합니다. 편광이 되지 않은 자연광은 액정을 통과합니다. 액정은 굴절률 이방성이 있어 빛이 방향을 유도할 수는 있지만 가로막지는 못합니다. 그래서 LCD에서는 한쪽에 설치된 선형 편광판을 통해 직선 편광된 빛만이 입사되도록 하고, 배열된 액정의 광활성 특성을 이용하여 편광 방향을 변화시키면서 유도하는 것이죠. 편광 방향이 변화된 빛은 반대쪽에 설치된 선형 편광판을 통해 걸러지면서 밖으로 나가게 되는데, 이때 걸러진 빛의 양이 LCD 화면의 밝기에 해당합니다. 즉, 일반적인 LCD는 빛의 선형 편광을 이용합니다. OLED에서도 편광판을

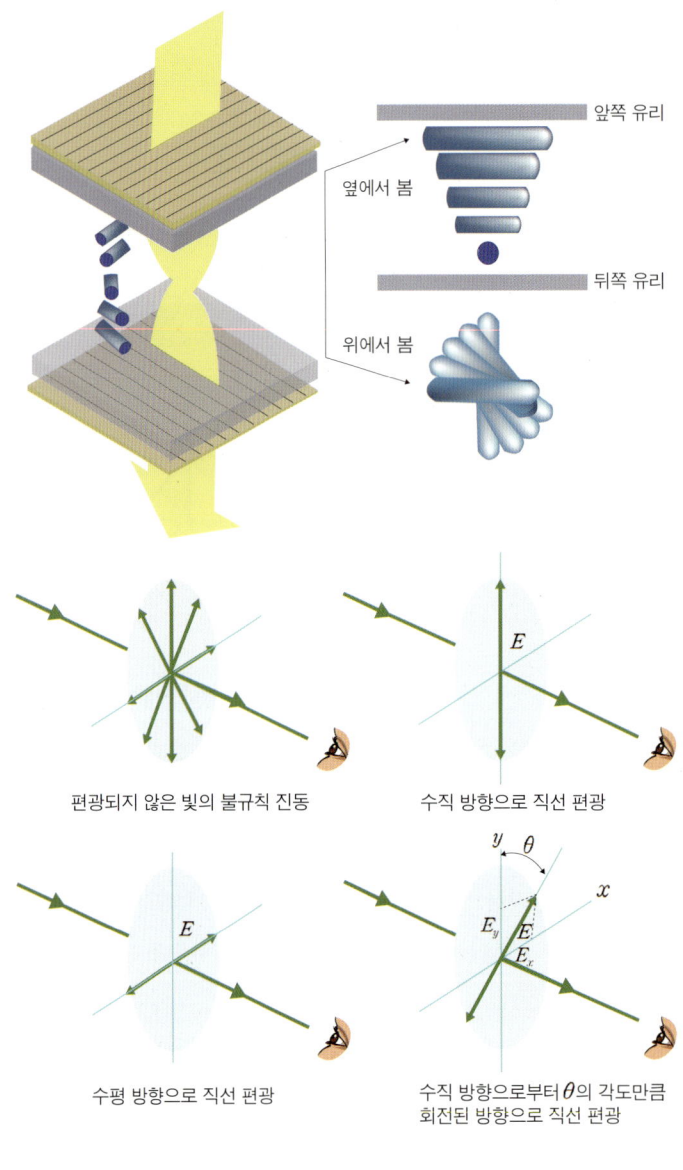

직선 편광과 LCD

사용하는데, 이는 블랙 화면을 정확하게 표현하고 야외 시인성(야외에서 화면의 영상을 인지할 수 있는 정도)을 확보하기 위해서죠. 정확한 영상을 표현하기 위해서는 햇빛의 반사를 최소화할 필요가 있는데, 편광판이 빛의 반사를 막는 역할을 합니다. LCD에서 사용하는 것이 직선 편광판이라면 OLED에서는 원편광판을 사용합니다.

복굴절은 1699년 바르톨리누스 Erasmus Bartholinus가 방해석에서 처음으로 관찰하였습니다. 광학적으로 이방성인 매질 내에서 빛의 편광 방향에 대한 굴절률이 다를 경우, 입사한 빛의 파장은 유지하더라도 빛이 편광 방향에 따라 나뉘는 현상을 말합니다. 즉, 빛의 속도가 편광 방향에 따라 달라지는 것이죠. 일반적으로 빛이 물질 속에서 전파될 때 빛의 전기장 또는 자기장과 물질 속의 전자가 상호작용을 합니다. 빛의 전기장은 진동을 하므로 전자도 덩달아서 같은 진동수로 진동을 하여 이것이 또 새로운 전기장의 진동을 유발하죠. 무수히 많은 원자, 분자의 전자들이 만들어 내는 빛(전자기파)과 원래의 빛이 합성되어 물질 속에서의 빛은 새로운 속도, 새로운 진폭으로 전파가 됩니다. 따라서 물질 속을 진행하는 빛의 특성은 물질 속에 있는 전자의 결합 상태에 영향을 받습니다. 만일 그 물질이 결정을 이루면서 결정의 방향성이 없다면, 즉 대칭이 아니라면 빛의 편광 상태에 따라 진행 방향과 속도가 달라지게 되죠. 원자들이 대칭으로 배열되어 있지 않아 결정을 이루는 전자나 원자의 진동도 운동 방향에 따라 다른 양상으로 나타나기 때문입니다. 두 갈래로 갈라지는 빛에 대해 정상적인 결정축, 즉 광축optical axis을 따르는 빛을 정상 광선ordinary ray이라 하고 비정상적으로 굴절을 하는 빛을 비정상 광선extraordinary ray이라 합니다. 이러한 현상을 복굴절이라 하고, 이러한 물질을 복굴절체라고 합니다. 액정은 복굴절 물질입니다. (☞27쪽 복굴절 그림 참조)

다음으로 광활성 현상입니다. 결정의 분자 구조가 구부러져 있거나 휘어져 있으면 편광면이 회전됩니다. 따라서 선형 편광된 빛이 들어올 경우, 편광 방향(빛의 진동면)을 연속해서 회전시키는, 즉 광축을 회전시키는 성질을 가집니다. 이를 광활성이라고 하죠. (☞28쪽 광활성 그림 참조) 꿀이나 설탕물과 같이 결정 구조를 가지는 과당, 플라스틱, 유리 등에서도 나타납니다. 과당의 경우, 농도에 따라 광활성 정도가 다르므로 편광 방향의 회전 정도를 관찰하여 농도를 측정할 수도 있습니다. 투명한 플라스틱에서도 성형 과정에서 냉각 속도의 불균일로 나타나는 취약 부분을 광활성 정도로 알아낼 수가 있죠. 급속히 냉각된 유리에도 이를 적용할 수가 있습니다. 1차 편광자로 빛을 편광시킨 뒤 광활성 물질을 통과시키고, 다시 편광 축이 일정 각도만큼 어긋나 있는 편광자를 거쳐 나오는 빛을 관찰하는 방식으로 측정합니다. 광활성 물질의 광 회전 능력은 고유 광회전도로 나타나는데, 광활성 물질층을 통과하면서 빛이 회전하는 각도를 층의 두께와 농도의 곱한 값으로 나누어서 얻어집니다. 이는 빛의 파장과 측정 온도가 고정될 경우에는 물질 고유의 값이므로 농도의 측정이 가능해지죠. 액정은 광활성 물질입니다. 즉, LCD는 편광자를 거쳐 편광된 빛이 광축 방향으로 정렬된 액정 분자에 입사하여 액정 분자들이 배열된 방향을 따라 진행하는 과정을 거치죠. 이 과정에서 편광, 복굴절, 광활성 현상이 연동되어 작용을 합니다.

더 생각해보기

- 액정과 LCD, 역사적인 사건들을 좀 더 세밀히 알아보자.
- 액정의 비틀림 각도가 커질수록 전기광학적 특성은 어떻게 변할까? STN을 대상으로 설명해 보자.
- 편광 현상을 더 알아보자. 일상생활에서 볼 수 있는 빛의 편광 현상을 이용한 것들에는 무엇이 있을까?
- 물질마다 빛의 속도가 달라지는 이유, 즉 굴절률이 다른 이유는 무엇일까?
- 일상에서도 복굴절 현상은 쉽게 눈에 띌까? 예를 들어 보자.
- 광활성 현상은 왜 발생하고, 어디에서 관찰할 수 있을까?

적당히 넘어지고, 기울어져서 살아라

태양계가 만들어질 때, / 지구는 소행성들에게 맞서서
23.5도가 기울어졌지 / 세상에 태어나고 자랄 때,
나는 꾸중과 회초리로 맞아서 / 어느 정도 삐뚤어졌지

지구는 기울어져서 태양을 돌고, 이 때문에 / 태양과의 거리가 주기적으로 변하여
봄 여름 가을 겨울, 사계절이 오지 / 나는 삐뚤어져서 세상을 살고, 이 때문에
세상과의 거리가 주기적으로 변하여 / 희 로 애 락, 네 가지 감정이 오지

지구의 기울어짐으로 / 북반구 위쪽과 남반구 아래쪽에는
종일 밝은 백야와 종일 어두운 극야가 오지 / 나의 삐뚤어짐으로
행복 위쪽과 불행 아래쪽에는 / 종일 밝은 기쁨과 종일 어두운 슬픔이 오지

태양계가 만들어질 때, / 지구가 소행성들에게 맞지 않아서
기울어지지 않았다면 / 아름다운 사계절도
매력 있는 백야, 극야도 없었을 거야 / 세상에 태어나고 자랄 때,
내가 꾸중과 회초리로 맞지 않아서 / 삐뚤어지지 않았다면
살가운 감정들도 / 맛있는 기쁨, 슬픔도 없었을 거야

적당히 넘어지고, 기울어져서 살아가는 것
지구도 나도 사는 맛이 있는 이유이기도 하지

Axial tilt, also known as obliquity;
is the angle between an object's rotational axis and its orbital.
Earth's obliquity oscillates between 22.1 and 24.5 degrees on a 41,000-year cycle.
(Earth's mean obliquity is currently 23°26′12.2″ (or 23.43672°) and decreasing.)
Cause of Earth's seasons;
Earth's axis remains tilted in the same direction with reference to the background stars throughout a year.
This means that one pole will be directed away from the Sun at one side of the orbit, and half an orbit later (half a year later) this pole will be directed towards the Sun.
Earth's axis tilt;
is about 23.4°.
It oscillates between 22.1° and 24.5° on a 41,000-year cycle and is currently decreasing.

LCD의 동작 원리

LCD의 동작 원리를 살펴보죠. 일반적인 투과형transmissive-type, 능동 구동형, 백색 바탕 모드normally white mode의 TN-LCD를 대상으로 하여 빛의 경로를 따라가 보겠습니다. 먼저, 디스플레이 패널의 가장자리나 뒷면에 설치된 광원, 예를 들어 백색 LED에서 발생된 빛이 도광판과 반사판, 확산판, 프리즘 시트 등을 통과하면서 균일하게 퍼져서 패널 아래쪽 유리 기판에 부착된 편광판을 통과합니다. 편광판을 통과한 빛은 한쪽 방향으로만 진동하는 직선 편광된 빛으로 걸러지게 되죠. 이렇게 선편광된 빛은 아래쪽 유리 기판을 통과하면서 화소들에 도달합니다.

화소 내에 있는 각각의 부화소들 한쪽 귀퉁이에는 TFT 스위

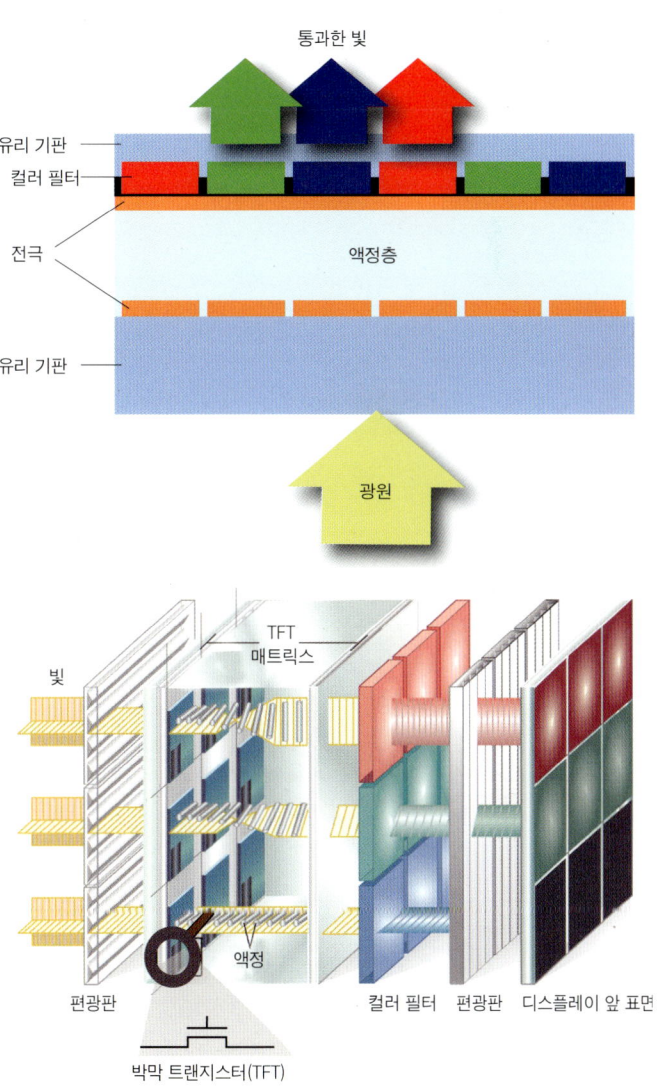

투과형 LCD 구조(Encyclopædia Britannica, Inc.)

액정 디스플레이 알아가기

45

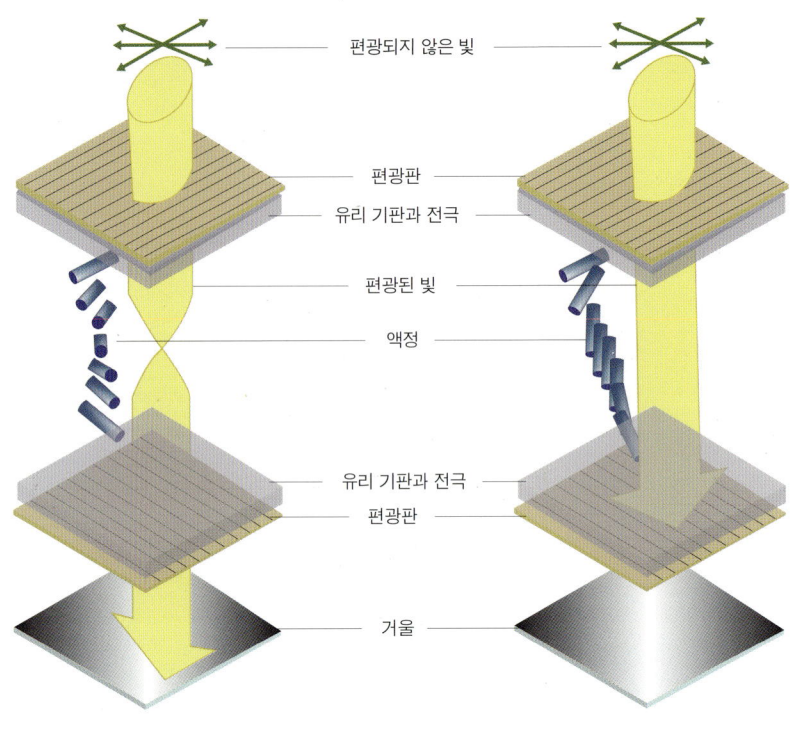

전압 인가되지 않음   전압 인가됨

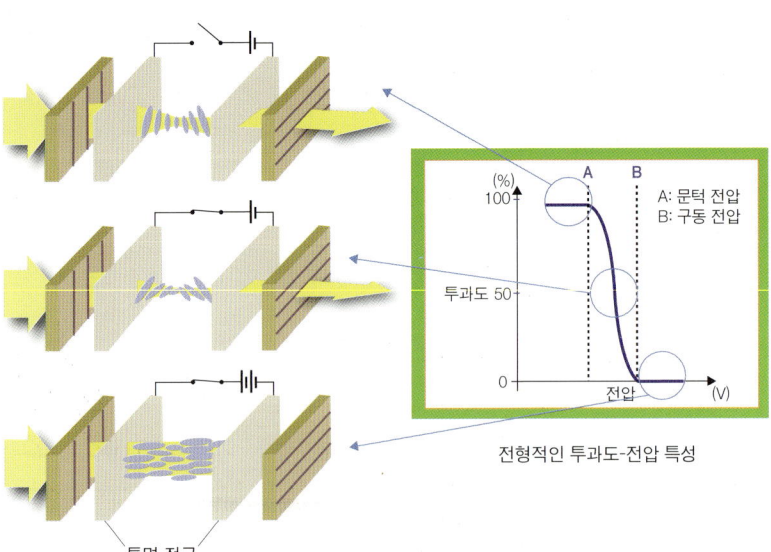

투과형 LCD 원리

칭 소자가 있습니다. TFT가 온^{on} 상태가 되면 부화소에 적정한 크기의 신호 전압이 인가되고, 이 전압에 비례하여 액정이 움직이게 됩니다. 즉, 아래쪽 기판과 위쪽 기판 사이에 담겨 있는 액정 분자들은 두 기판들 간에 전압이 인가되기 전에는 기판들 사이에서 90도의 각도로 비틀어져 누워 있는데, 전압이 인가되면서 액정을 일으켜 세우게 되죠. 전압이 커질수록 비틀어진 각도가 줄어듭니다.

화소에 들어간 빛은 이때부터 각각의 부화소별로 별도로 조절이 됩니다. 각각의 부화소에 있는 액정의 비틀림 경로를 따라서 편광 방향이 바뀌면서 진행을

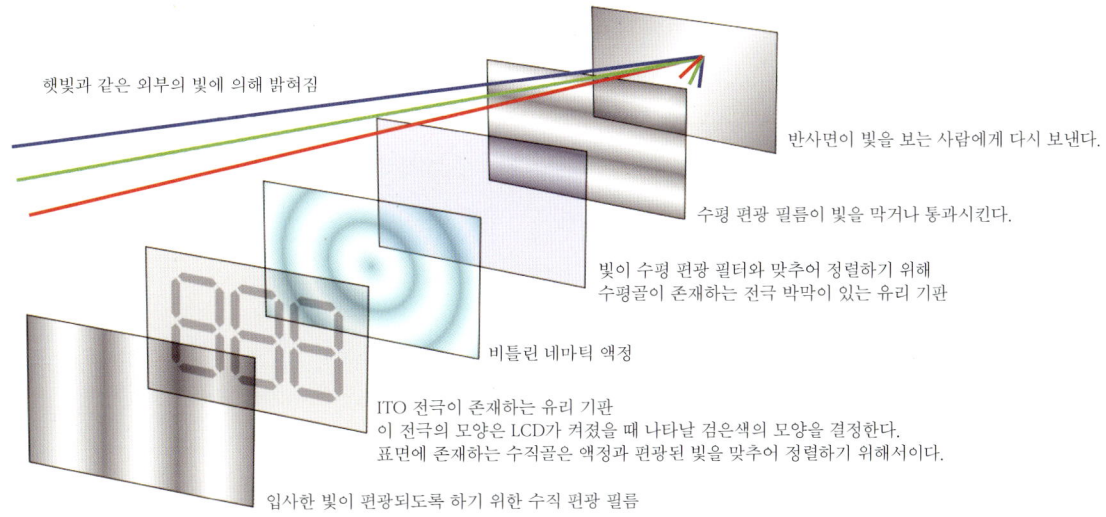

반사형 LCD 디스플레이(WIKIPEDIA)

합니다. 물론 액정의 광활성 특성을 따르는 과정이죠. 만일 부화소에 전압이 인가되지 않아서 90도의 비틀림 각도를 그대로 유지하고 있으면, 액정을 통과한 빛은 액정 분자들의 배열을 따라 편광 방향이 90도가 틀어진 상태가 되고, 전압이 인가되는 경우에는 액정의 비틀어진 각도가 줄어드는 만큼 편광의 방향도 덜 틀어지게 됩니다. 이렇게 각각의 부화소별로 편광 방향의 틀어짐의 정도를 달리하는 빛은 위쪽 기판에 도포되어 있는 컬러 필터에 도달합니다.

컬러 필터 역시 RGB로 구성되어 각각의 RGB 부화소를 구성하고 있으며, 도달된 빛은 부화소별로 독자적인 편광 방향을 가지고 있습니다. 컬러 필터를 통과하면서 RGB 색상을 띄게 되죠. 마지막으로 컬러 필터가 형성된 위쪽 기판에 부착되어 있는 편광판에 도달합니다. 위쪽 기판에 부착된 편광판은 아래쪽 기판의 편광판에 대해 90도의 각도로 교차되어 있습니다. 따라서 90도로 틀어진 빛은 편광 방향이 편광판과 일치하므로 전부 통과할 수 있고, 비틀림 각도가 줄어들수록 통과되는 빛의 양도 줄어들게 됩니다. 즉, 전압이 인가되지 않은 경우에 가장 밝은 빛이 나오고, 전압의 크기가 증가할수록 밝기는 낮아지며, 궁극적으로 액정의 틀어짐이 제로일 경우 빛의 편광 방향은 입사된 상태에서 변하지 않아 편광 방향이 편광판과 일치되는 빛도 제로가 됨으로써 빠져나오는 빛은 없게 되죠. 이상이 빛이 디스플레이 패널을 통과하는 '투과형', TFT가 작동될 부화소를 결정하고 신호 전압을 전달하는 '능동 구동형', 전압을 인가하지 않을 경우 가장 밝은 RGB 색이 나오는 '백색 바탕 모드', 아래쪽 기판에서 위쪽 기판까지 90도의 각도로 비틀어진 액정 상을 이용하는 'Twisted Nematic^{TN}'형 LCD의 작동 원리입니다.

투과형과 구별되는 방식으로 반사형$^{reflective-type}$, 반투과형$^{transreflective-type}$ LCD가 있고, 백색 바탕 모드와 함께 흑색 바탕 모드$^{normally\ black\ mode}$가 있으며, TN 상 액정과 함께 STN 상 액정, 콜레스테릭 상 액정 등도 있습니다. 동작 원리에 있어서 세부적인 차이는 있을지라도 큰 틀에서는 대부분 설명된 원리를 따르고 있죠. 세부적인 차이들은 뒤를 이을 설명에서 다룰 것입니다.

더 생각해보기

- 백색 바탕 모드(normally white mode)가 있듯이 흑색 바탕 모드도 있다. 이는 무엇일까?
- LCD의 작동 과정을 창문에서 들어오는 빛의 양을 조절하는 블라인드로 설명해 보자
- 오래된 성당에서의 색유리인 스테인드 글라스도 LCD의 작동 과정의 설명에 이용될 수 있다. 어떻게 이용될까?

수식으로 원리를 잡다!

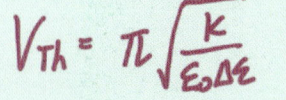
LCD의 Threshold Voltage (V_{Th})

$$V_{Th} = \pi \sqrt{\frac{K}{\varepsilon_0 \Delta \varepsilon}}$$

※ K: 탄성계수
　ε: 진공유전율
　$\Delta \varepsilon$: 비유전율

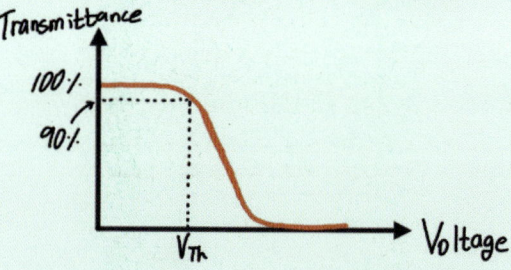

NW (Normally White) TN 모드의 액정에서 전압의 투과율 그래프는 위와 같다. 이때, 액정의 투과율이 최대투과율의 90%가 되는 전압값을 문턱 전압(V_{Th})이라고 한다. 문턱 전압은 공식에서 알 수 있듯이, 유전율에 반비례하는 특성을 가진다.

> **TIP!** NB (Normally Black) TN 모드, VA (Vertical Alignment) 모드, FFS (Fringe-Field Switch) 모드 등은 아래와 같은 V-T 특성을 가진다. 이때에는 투과율이 10%일 때의 전압값이 V_{Th}가 된다.
>
>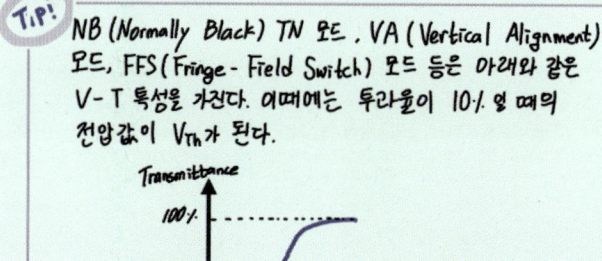

J.Y.P.

LCD의 기본 구조

LCD의 기본적인 구조를 빛이 진행하는 경로, 즉 패널의 뒷면(아래쪽)에서 앞면(위쪽)으로 이동하면서 설명을 이어갑니다. 역시 가장 일반적인 투과형transmissive-type, 능동 구동형, 백색 바탕 모드normally

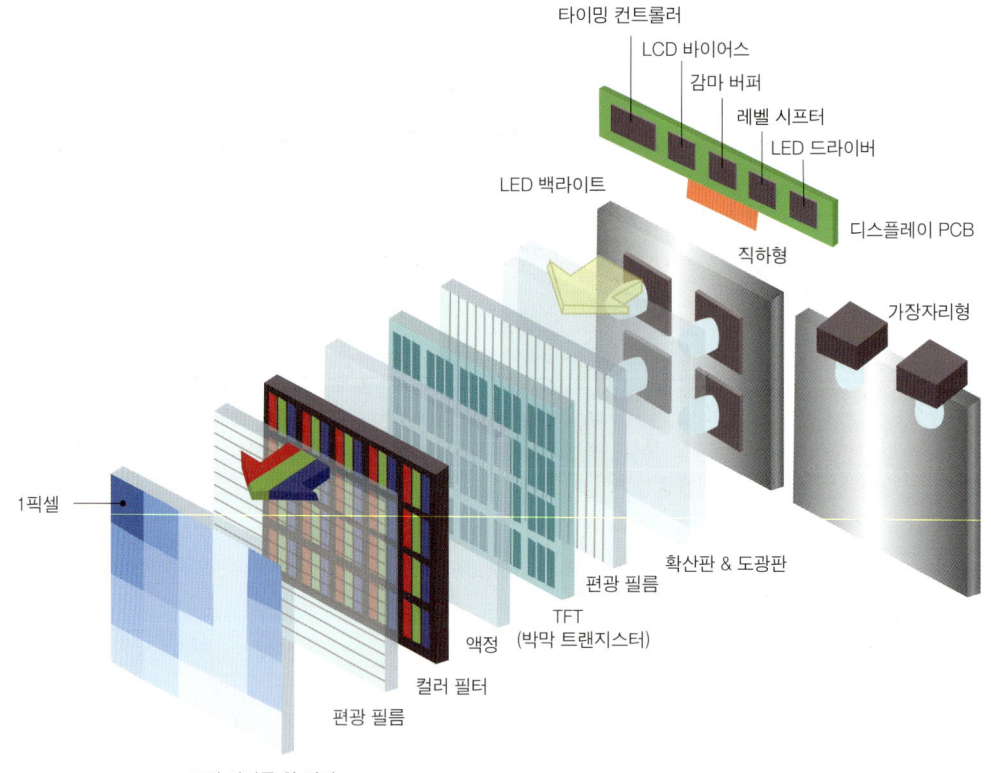

LCD 구조, 빛의 생성과 경로

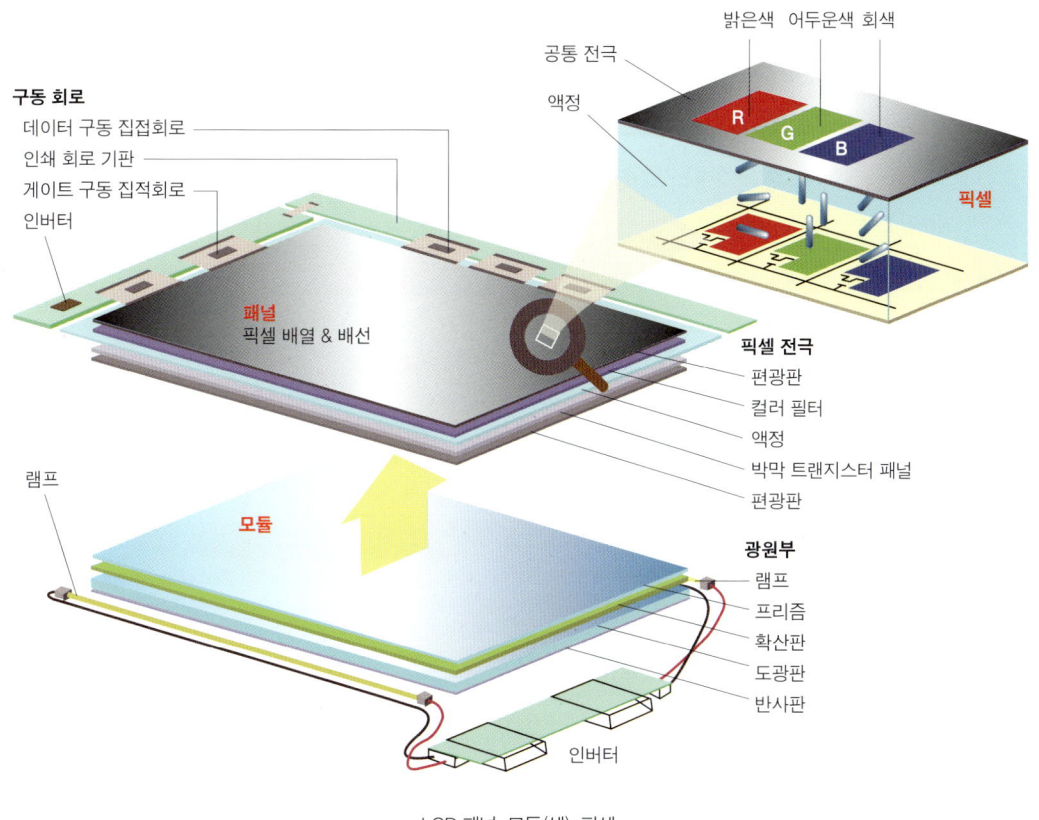

LCD 패널, 모듈(셀), 픽셀

white mode의 TN-LCD를 대상으로 합니다.

먼저 빛을 제공하는 광원입니다. 과거에는 냉음극 형광 램프Cold Cathode Fluorescent Lamp, CCFL를 사용하였는데, 2010년 전후로 LED로 대체되기 시작하여 현재는 모든 LCD가 LED 광원을 사용합니다. 그리고 양자점 효과를 더해 색순도가 높은 RGB, 즉 백색을 만들어내죠. LED 광원은 휘도가 높아지면서 주로 패널의 뒷면보다는 옆면에 배열됩니다. 다음으로 빛을 패널 안쪽으로 전달하는 도광판이 있고, 패널의 아래쪽으로 내려가는 빛을 위로 올려주는 반사판이 있습니다. 위로 올려진 빛을 골고루 퍼지게 하는 확산판이 있고, 퍼진 빛의 방향을 정렬하는 수평과 수직 방향의 프리즘 시트가 있죠. 여기까지를 후면 광원부Back Light Unit, BLU라고 합니다.

다음으로는 한쪽 방향으로 진동하는 빛만을 통과시키는 편광판이 있는데, 이 편광판은 아래쪽 유리 기판의 외부에 부착되어 있죠. 유리 기판의 반대쪽에는 회로 배선과 각각의 RGB 부화소들을 구동하기 위한 TFT, 저장 커패시터, 투명 전극이 형성되어 있습니다. 그리고 기판 바로 위의 액정을 배열하기 위한 배향막이 설치되어 있죠. 이러한 아래쪽 기판을 TFT(백플레인) 기판, 후면 또는 배면 기판, 하판 등으로 부릅니다. 위쪽 기판은 컬러 필터 기판, 전면 기판, 상판이라고 하죠. TFT 기판과 컬러 필터 기판 사이에는 액정이 배열된 공간이 있으며, 공간의 간격은 기둥이나 구 모양의 스페이서로 유지됩니다. 컬러 필터 기판의 안쪽에는 말 그대로 RGB 컬러 필터가 형성되어 있으며, RGB 각각의 부화소들 사이에는 빛의 상호 간섭을 방지하기 위한 블랙 매트릭스$^{Black\ Matrix,\ BM}$가 존재하죠. 물론 컬러 필터와 블랙 매트릭스 위에는 액정에 전압을 인가하기 위한 상부 투명 전극과 역시 액정 배향막이 설치되어 있습니다. 컬러 필터 기판의 바깥쪽에는 액정을 통과하면서 편광 방향이 회전된 빛을 통과시켜주는 편광판이 부착되어 있죠. 연이어 터치 센서 패널, 커버 글라스 등이 올라갑니다.

이상에서 TFT 기판과 컬러 필터 기판이 합착된 구조를 LCD 패널 또는 셀^{cell}이라고 하고, LCD 패널에 BLU, 구동용 집적 회로$^{Integrated\ Circuit,\ IC}$ 칩과 인쇄 회로 기판$^{Printed\ Circuit\ Board,\ PCB}$ 등이 연결된 구조를 LCD 모듈이라고 합니다. 지금부터는 LCD 패널부에서 TFT 기판, 컬러 필터 기판, LCD 모듈부에서 광원과 BLU, 구동 회로부 등의 순서로 설명을 이어가겠습니다.

더 생각해보기

- LCD용 광원은 선광원인 작은 형광등(CCFL), 점광원인 LED, 양자점 적용으로 진화하여 왔다. 이유가 무엇일까?
- LCD의 뒷면에서 출발하는 빛의 입장이 되어 앞면(화면)까지 어떤 일들을 겪으며 오는지 서로 이야기해 보자.

TFT에 관하여

TFT는 스위칭 소자로서 특정 (부)화소를 정의하고 신호를 전달해 주는 역할을 합니다. 화소를 점등하는 스위칭 소자로서 트랜지스터를 사용하는데, 디스플레이에서는 실리콘 기판이 아닌 유리 기판 위에 형성된 실리콘 박막에 만들어지므로 박막 트랜지스터라고 하죠. 즉, TFT는 RGB 부화소들마다 위치하여 스위칭 역할을 담당하고 있습니다.

사실 TFT의 역사는 LCD의 역사만큼이나 오래되었는데, 1930과 1940년대에는 CdSe 소재를 이용한 TFT가 고체 촬상 소자용으로 개발되었고, 1972년에야 LCD에 적용하게 되죠. 그리고 1970년대 중후반에 비정질 실리콘 TFT LCD가 발표되었으며, 이후로 저온과 고온 다결정 실리콘 TFT로 발전하였

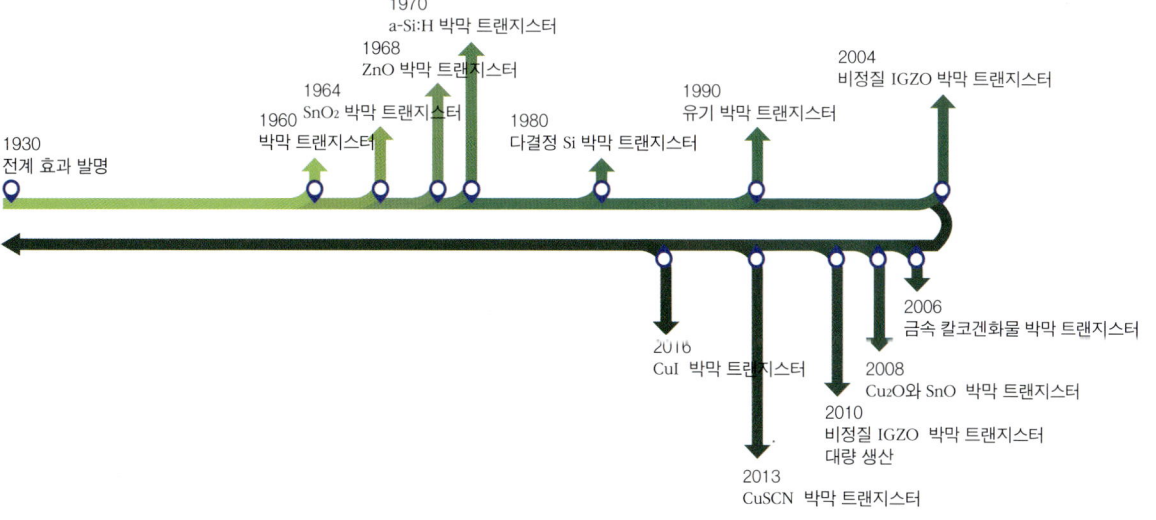

TFT의 역사

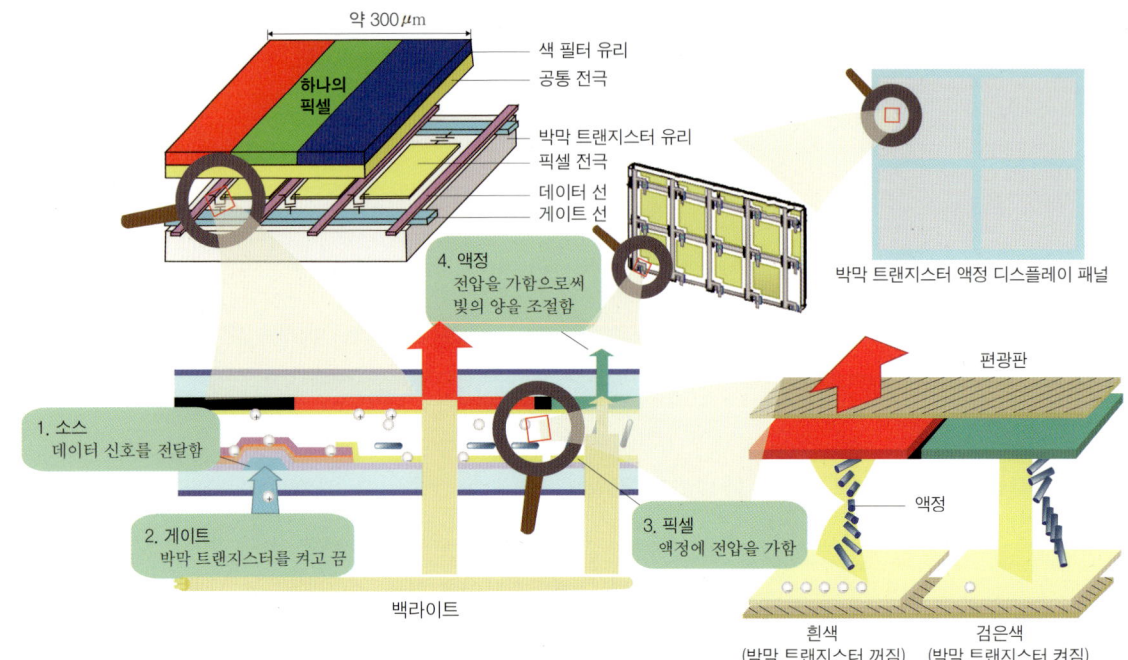

LCD와 박막 트랜지스터

습니다. 최근에는 산화물 TFT, 유기 TFT 등도 활발히 개발되거나 제품에 적용되고 있습니다. 다만 여기에서는 주류인 실리콘 TFT에 관하여 설명을 합니다.

    실리콘 TFT에서 가장 중요한 부분은 전류가 흐르는 채널 영역이며, 이 영역에 해당하는 실리콘 반도체 층의 결정성이 스위칭 속도와 전류 밀도를 결정합니다. 비정질 실리콘보다는 작은 단결정들의 집합체인 저온 다결정 실리콘의 전자 이동도가 더 높죠. 물론 단결정 실리콘의 전자 이동도가 가장 높기는 하지만 유리 기판 위에 형성되는 실리콘 층은 비정질이며, 여기에 결정화 공정을 추가함으로써 저온 다결정 실리콘까지만 가능합니다. 여기서 '저온'이라는 의미는 유리 기판 위에 증착된 비정질 실리콘을 다결정 실리콘으로 결정화하는 데에 있어 공정 온도가 유리 기판이 손상을 입는 온도 이하임을 의미합니다. 물론 다결정 실리콘의 경우 결정립의 크기가 클수록 전자가 결정 입계를 만나서 충돌할 가능성과 횟수가 줄어들어서 이동도가 증가하게 됩니다. 비정질 실리콘 TFT의 전자 이동도는 $1 cm^2/(V\ sec)$ 이하이며, 반면 저온 다결정 실리콘 TFT의 경우에는 결정립의 크기에 따라 수십 $cm^2/(V\ sec)$ 범위의 값을 가집니다.

    다음으로 실리콘 TFT의 구조에 따른 분류입니다. TFT는 먼저 게이트 전극과 소스-드레인 전극이 반도체 층의 한쪽 면에 위치하는 플라나planar 구조, 게이트 전극과 소스-드레인 전극이 반도체 층을 마주보고 위치하는 스태거staggered 구조로 구분됩니다. 그리고 각각의 구조에 있어서 게이트 전극이 반도체 층의 위쪽이나 아래쪽에 위치할 수 있으며, 이를 기준으로 상부 게이트top gate 구조와 하부 게이트bottom gate 구조로 구분하죠. 이들 구조는 제조 공정과 동작 특성면에서 고유의 장점과 단점들이 있으며, 이와 함께 비정질 실리콘과 다결정 실리콘 등을 고려하여 해당 디스플레이의 스위칭 소자로서 선택됩니다. 실리콘 TFT 이외에도 산화물 TFT, 유기물 TFT, 나아가 2차원 반도체 물질인 전이 금속 디칼코겐 화합물Transition Metal Dichalcogenides, TMD을 이용한 TFT 등이 지속적으로 연구 개발되고 있습니다.

더 생각해보기

- 일반적으로 디스플레이는 왜 유리 기판을 사용할까? 앞으로는 어떠할까?
- 박막 트랜지스터는 디스플레이(LCD)에서 어떤 역할을 할까, 또 어떤 분야에 응용될 수 있을까?

편광판

'편광'이라는 말을 풀이하면 치우칠 편(偏), 빛 광(光)이죠. 편광이 안 된 빛, 즉 산발적으로 쏟아지는 빛을 받아서 특정 방향으로 진동하는 빛만 전달해 주는 역할을 하는 것이 편광자 또는 편광판입니다. 대표적인 편광자로는 선격자 편광자 wire grid polarizer와 이색성 편광자 dichroism polarizer(이색성은 각도나 농도에 따라 색이 달라 보이는 성질)가 있죠. 두 편광판을 통과하는 빛의 양을 조절하여 원하는 밝기를 얻을

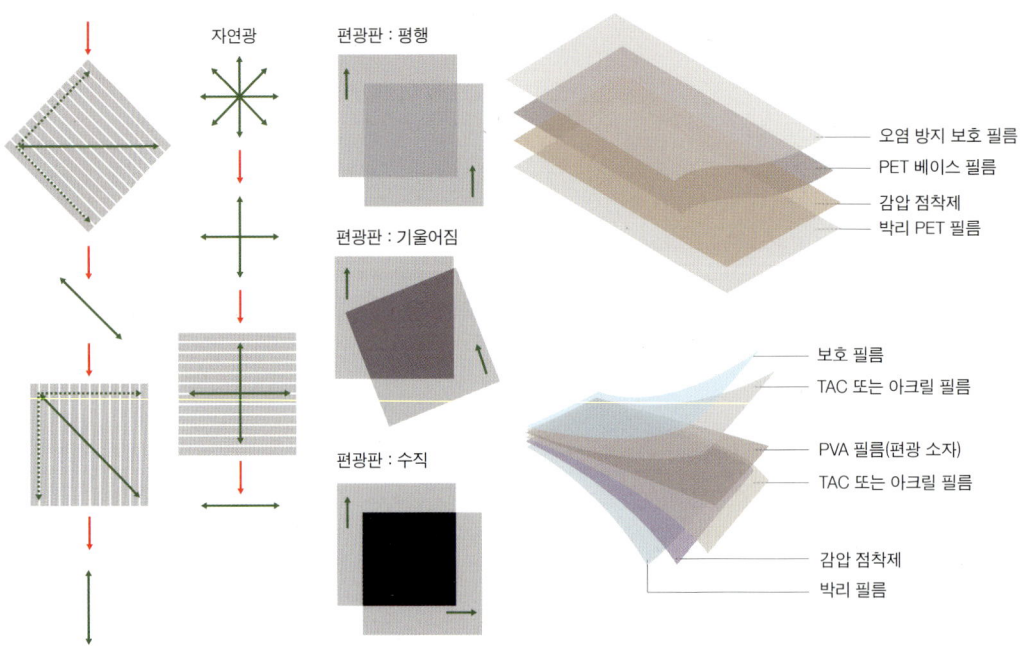

편광판

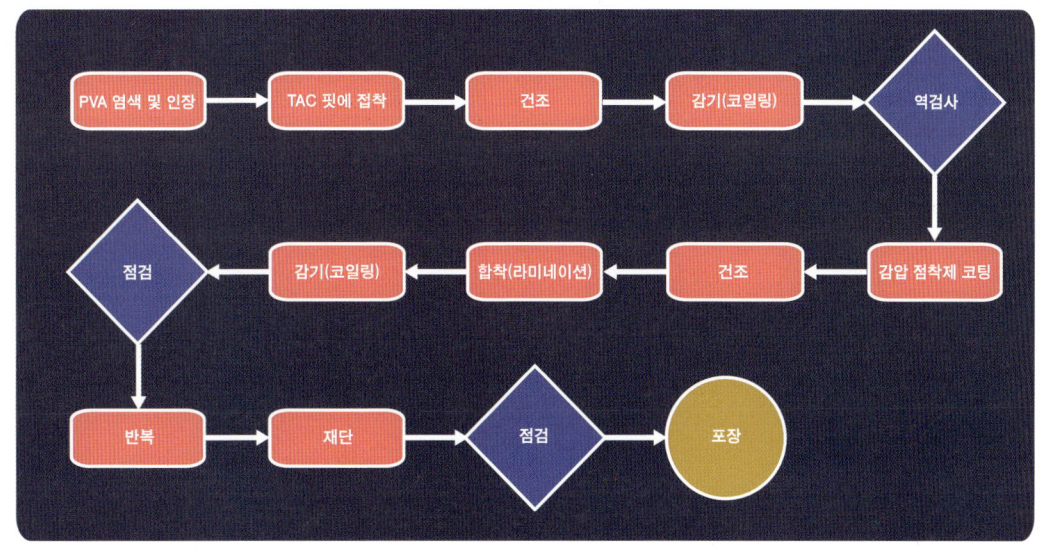

편광판 제조 공정

수 있습니다. 이러한 원리를 이용하여 LCD에서는 BLU를 나온 빛이 가장 먼저 하부 기판에 부착된 편광판을 만나고, 액정을 통과하여 나온 빛이 마지막으로 상부 기판에 부착된 편광판을 만납니다. 물론 대부분의 LCD 패널에서 두 편광판은 90도의 각도로 서로 틀어져 있습니다. 현재 사용 중인 편광판의 기본은 1938년경 폴라로이드의 공동 설립자인 랜드[E.H. Land]에 의해 고안된 H 필름입니다.

이색성 편광판의 경우, PVA 필름 내에 이색성 색소[dichroic dye]를 한쪽 방향으로 정렬하여 빛의 통과 방향을 선택하는데, 이색성 색소의 종류에 따라 요소계와 염료계 편광판으로 구분합니다. 요소계 편광판은 요오드를 함유하는데, 편광 기능이 좋고 투과도가 높으나 신뢰성이 일부 취약하죠. 염료계 편광판은 반대로 신뢰도가 높으나 편광 기능과 투과도에 약점이 있습니다. 편광판의 두께는 약 300마이크론 정도에 불과하지만, 무려 여섯 겹의 필름으로 구성되어 있습니다. 편광판의 가운데에 위치하는 PVA[PolyVinyl Alcohol] 필름은 빛의 투과 및 진동 방향을 조절하는 가장 중요한 부분이며, 이 PVA의 손상을 방지하기 위해 보호 필름이 필요합니다. 보호 필름과 PVA 필름 사이에는 역시 PVA 보호와 함께 접착제 역할을 하는 TAC[Tri-Acetyl-Cellulose] 필름이 삽입됩니다. 그리고 한쪽 면에는 감압 점착제인 PSA[Pressure Sensitive Adhesive] 필름과 제품 보호 및 사용 시 쉽게 박리가 가능한 박리(이형, release, off-type) 필름이 있습니다.

일반적으로 전처리(세정 등), 연신(PVA와 요오드 처리), 코팅과 라미네이션(보호 필름, 박리 필름 등의 합착), 재단과 면취 등의 제조 과정을 거쳐 출하됩니다. 연신 과정에서는 PVA 필름을 가열 중에 늘어뜨려서(1축 늘림) 요오드산 계열의 용액에 담그면 PVC 필름이 요오드산을 흡수하고 함유하면서 요오드 이온들이 한쪽 방향으로 정렬하게 되고 편광 기능을 가지는 필름이 만들어집니다. 이때 요오드 이온의 정렬 정도에 따라 편광 기능이 달라집니다. 그밖에도 요오드산이 아닌 염료를 이용하기도 하고, 편광판의 투과율을 개선하기 위해 표면 처리 등을 하기도 합니다. 즉, PVA 필름이나 보호 필름 등에 눈부심 방지Anti-Glare, AG, 반사 방지Anti-Reflection, AR, 저반사Low Reflection, LR 처리 등을 해 주는 것이죠. 눈부심 방지를 위해서는 난반사 등을, 반사 방지를 위해서는 상쇄 간섭 현상 등을 이용하죠. 또한 LCD의 두께를 줄이고 적당한 휨을 주기 위해 편광판을 가능한 얇게 만들려는 노력도 진행 중입니다. 물론 LCD의 작동 모드에 따라서 편광판에도 변화가 있습니다.

더 생각해보기

- 편광판들은 어떤 것들이 있으며, 각각은 어떤 방식으로 편광을 할까?
- 일상에서 편광판은 어떻게 이용하는지 경우들을 꼽아 보자.

수식으로 원리를 잡다!

Malus' Law (말루스의 법칙)

편광판은 무질서하게 섞여 있는 빛을 특정한 방향의 선편광된 빛으로 투과시키는 광학 기구다.

편광축은 선택적으로 선편광된 빛의 방향이다.

말루스의 법칙은 빛이 두개의 편광판을 통과했을 때의 밝기 변화와 관련된 식이다.

빛의 밝기 (I)는 다음 관계식을 따른다.

$$I(\theta) = I_0 \cos^2\theta$$

이때, 각도 θ는 두개의 편광판의 편광축 사이의 각도다.

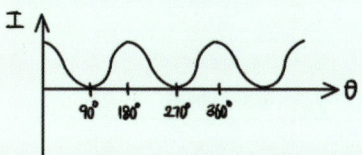

즉, θ = 0°일 때 가장 밝으며, θ = 90°일 때 가장 어둡다.

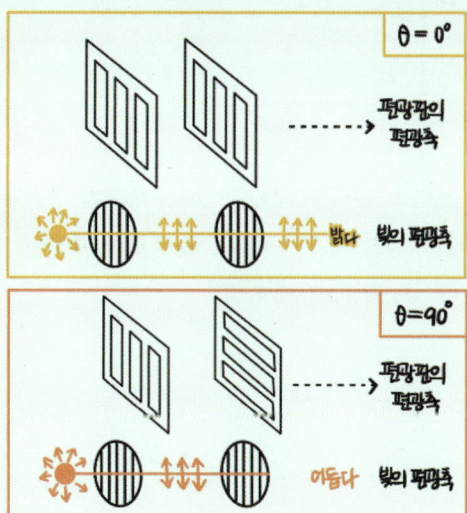

액정 디스플레이 알아가기

수식으로 원리를 잡다!

편광도(P) 및 광택도(G)

❋ 편광도(P)

$$P(\%) = \sqrt{\frac{T_P - T_C}{T_P + T_C}} \times 100 \quad \begin{pmatrix} T_P = \text{평행 투과율} \\ T_C = \text{수직 투과율} \end{pmatrix}$$

편광도 P는 평행 투과율과 수직 투과율의 함수로 나타내며 편광판을 통과하는 모든 빛 중에서 편광된 빛의 크기를 나타내는 수치를 의미한다.

❋ 60도 광택도(G)

$$G(60) = \frac{\phi_P(60)}{\phi_G(60)} \times 100 \quad \begin{pmatrix} \phi_P = \text{편광판의 반사광} \\ \phi_G = \text{유리의 반사광} \end{pmatrix}$$

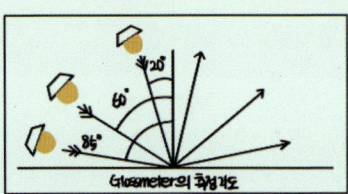
Glossmeter의 측정각도

60도 광택도 G는 +60도의 입사광을 이용해 -60도의 반사광을 측정하여 그 수치를 나타내며, 유리의 반사광(ϕ_G)을 기준으로 편광판의 반사광(ϕ_P)의 정도를 의미한다. 이 수치가 작을수록 반사가 적어 명암비에 도움이 된다.

JAH

배향막

배향막alignment layer이란 '방향을 배열하는 막'이라는 뜻으로, 액정 분자들이 특정한 위치와 방향으로 정렬되도록 배향하는 층입니다. 배향막으로는 주로 폴리이미드 수지가 사용되는데, 이는 내열성과 높은 유리 전이 온도, 액정과의 친화성, 기판과의 밀착성에서 유리하기 때문입니다. 배향막의 두께는 보통 수십 나노미터 정도입니다.

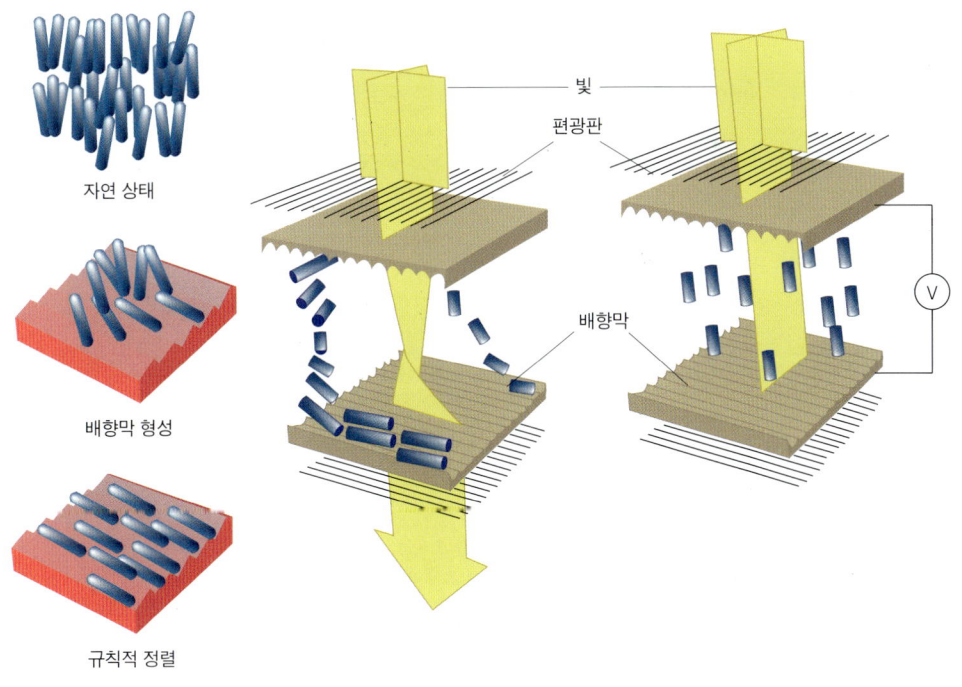

액정 디스플레이 알아가기

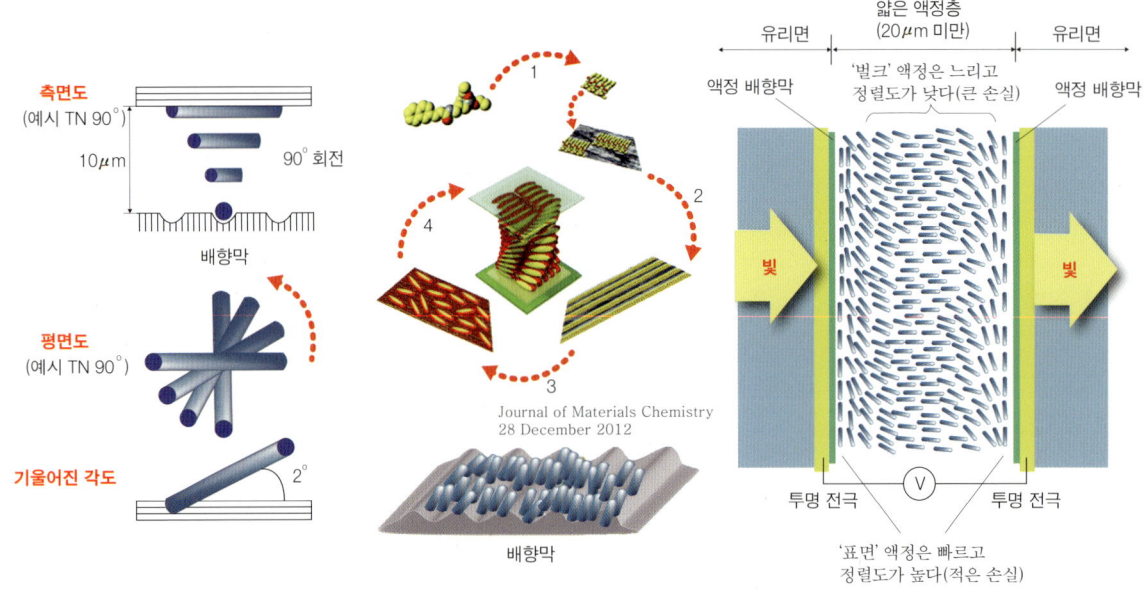

LCD와 배향막

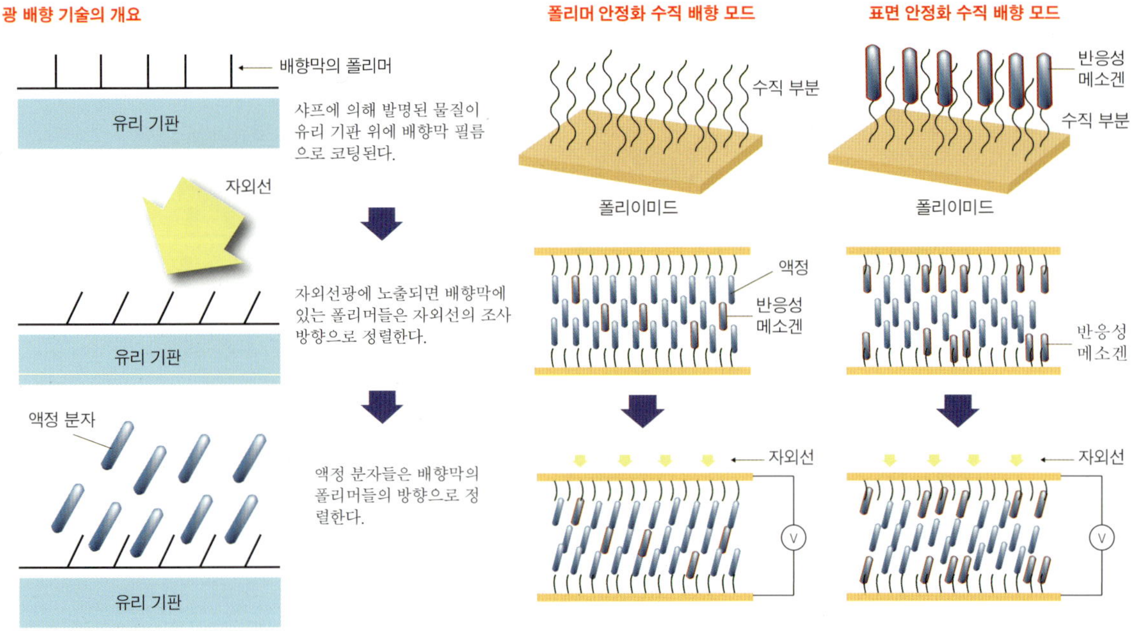

배향막의 다양성

62　　　　　　　　　　　　　　　　　　　　　　　　　　　　디스플레이 이야기

TFT 기판과 컬러 필터 기판 양쪽 모두에 배향막을 형성한 후 러빙^{rubbing}을 하면 배향막에 액정이 들어갈 홈들이 만들어지죠. 두 기판 사이에 액정을 채우면 기판 쪽에 위치한 액정들이 배향막의 홈을 따라 자리를 잡고, 두 기판 사이의 액정 분자들은 이에 준하여 배열됩니다.

　　이러한 러빙 배향은 물리적인 방식이고, 그밖에도 화학적인 방식인 광 배향이 있습니다. 광 배향은 자외선에 반응하는 소재를 배향막으로 사용하며, 자외선의 조사 방향으로 액정 분자들의 정렬을 제어합니다. 이를 위해서는 배향막 소재와 자외선의 경사 노광 장치 등이 필요하게 되죠. 러빙 배향 방식에 따른 오염, 손상 발생 등을 최소화할 수 있다는 장점이 있습니다. 이와 함께 배향막을 필요로 하지 않는 광 배향 기술도 있습니다.

　　이와 같은 액정의 배향에 대한 정확한 이론은 아직 완전하게 정립되어 있지 않습니다. 다만 액정과 기판 표면 사이의 물리화학적인 상호작용, 기판 표면의 기하학적 구조 등에 영향을 받는 쪽으로 접근해서 해석하고 있는 중이죠. 기판 표면의 특성과 구조는 배향막으로 결정되는데, 배향막으로는 고분자 물질^{Polyimide}을 러빙하여 사용하고 있습니다.

더 생각해보기

- 러빙 방식으로 액정 분자가 고정, 배향되는 원리를 조금 더 생각해 보자.
- 액정을 배향하는 방법에는 소개한 것 외에 또 어떤 것들이 있을까? 그리고 각각의 특징과 용도를 생각해 보자.

수식으로 원리를 잡다!

액정 분자가 표면에서 받는 배향 규제력 (Anchoring energy)

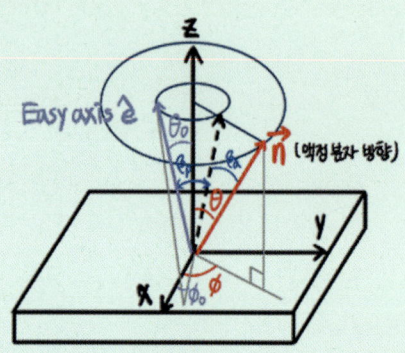

액정 분자는 이방성을 가지고, 배향막 또한 이방성을 가져 선호하는 축인 easy 축이 존재한다. 액정 분자의 방향이 easy축 방향일 때 상호 작용하는 에너지가 최소가 된다.

이때 easy축의 polar 각도를 θ_0, azimuthal 각도를 ϕ_0이라 한다. 또한 액정 분자 방향의 polar 각도를 θ, azimuthal 각도를 ϕ라 한다.

이때 Anchoring energy 함수는 $f_s = f_s(\theta, \phi)$ 이고 $\theta = \theta_0$과 $\phi = \phi_0$ 일 때 최소가 된다.

$$f_s = \frac{1}{2} W_p \sin^2 \beta_p + \frac{1}{2} W_a \sin^2 \beta_a$$

- W_p = polar anchoring strength
- W_a = azimuthal anchoring strength
- β_p = $\vec{n}$과 $\hat{e}$ 사이의 polar 방향 각도
- β_a = $\vec{n}$과 $\hat{e}$ 사이의 azimuthal 방향 각도

JAH

컬러 필터

컬러 필터color filter는 액정을 통과하여 상부 기판 쪽으로 올라오는 흰색의 빛에서 부화소 단위로 빛의 3원색, 즉 빨강R, 초록G, 파랑B을 추출하여 컬러를 구현할 수 있도록 하는 얇은 층입니다. 빛이 셀로판지를 통과하면서 색이 변하는 현상과 같은 원리입니다. 그리고 컬러 필터 기판은 컬러 필터가 형성

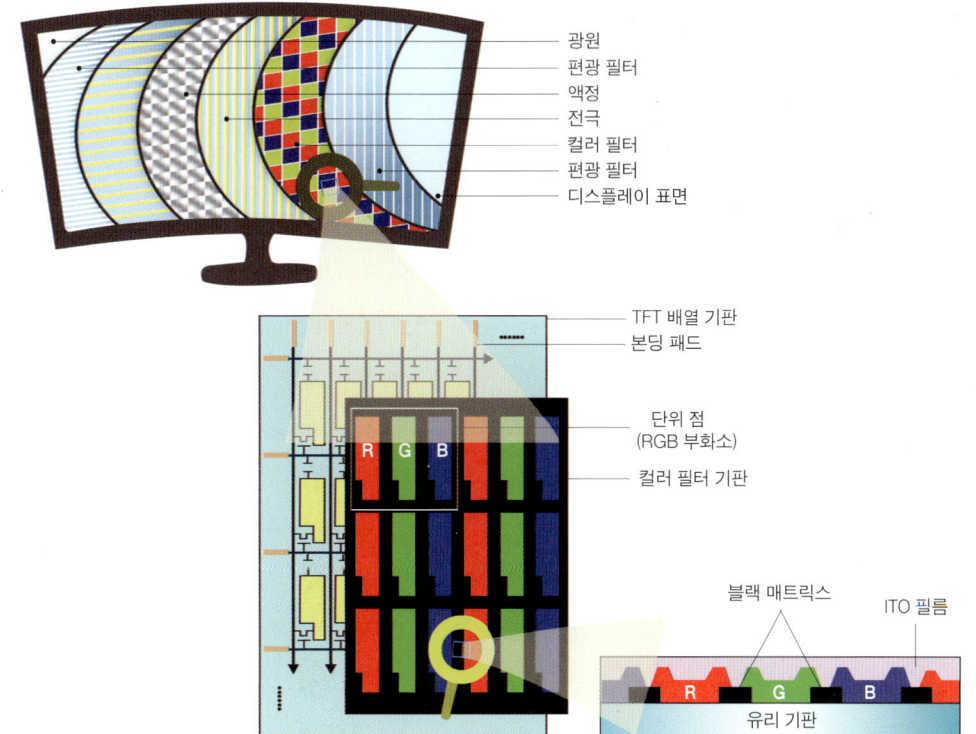

LCD와 컬러 필터

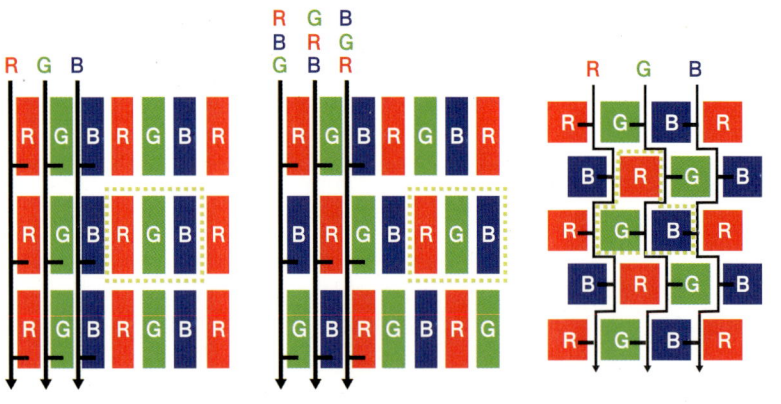

되어 있는 상부 기판입니다.

컬러 필터 기판 위에는 RGB 컬러들 간의 색을 구분해 주기 위한 블랙 매트릭스 Black Matrix, BM가 있으며, 이를 사이에 두고 컬러 필터 역할을 하는 RGB 패턴이 배열됩니다. 블랙 매트릭스는 RGB 부화소들을 각각 격리시킴으로써 경계면에서 불필요한 간섭 crosstalk이 일어나는 것을 방지하고, 내부로부터 빛이 새는 것을 막아 명암비를 증가시키며, 외부로부터 TFT로 빛이 입사되는 것을 막아 주는 역할도 합니다. 주로 스퍼터링 공정을 이용한 다공성 크롬으로 만들어지는데, 카본 블랙이나 다른 금속 산화물을 사용하기도 하죠. 부화소들의 배열은 델타 delta 배열, 모자이크 mosaic 배열, 스트라이프 stripe 배열 등으로 구분되며, 각각 어레이 설계, 컬러 필터 제작, 구동 회로 등의 측면에서의 난이도와 색 혼합 성능에서의 장단점들이 있습니다.

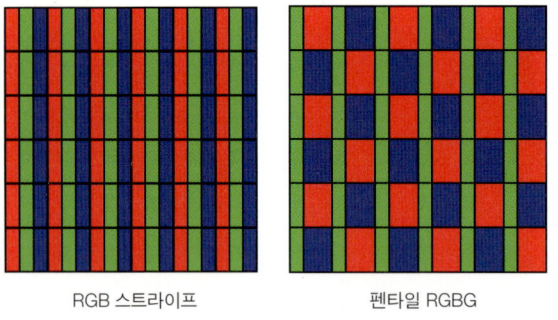

	스트라이프	모자이크	델타
배열 디자인	단순	단순	복잡
색 필터 제작	단순	어려움	어려움
구동 회로	단순	복잡	단순
색상 혼합	하	상	최상

RGB 스트라이프

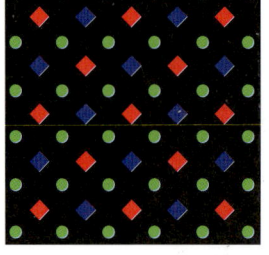

펜타일 RGBG

펜타일 RGBW

다이아몬드 모양의 펜타일 매트릭스

컬러 필터의 배열

컬러 필터는 먼저 원하는 파장 대역의 빛을 정확히 통과시켜서 색순도를 높여야 하며, 투과율이 높아 소비 전력 절감에 기여해야 합니다. 색재현성은 NTSC 규격을 충분히 만족시켜야 하며, 외부의 빛에 의해 변색이나 퇴색이 일어나지 않아야 하고, 화학적으로 안정하며 액정에 영향

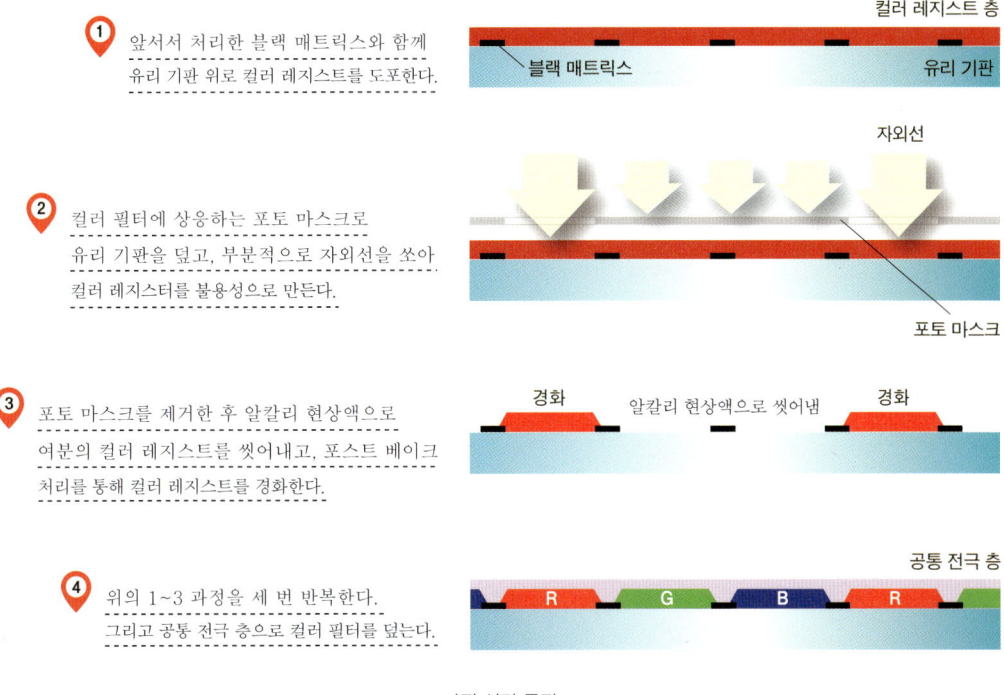

사진 식각 공정

을 주지 않아야 합니다. 아울러 컬러 필터를 형성한 후에 진행되는 공정인 투명 전극 공정에 친화성이 있어야 하며, 가격과 생산성도 고려되어야 하죠.

컬러 필터 재료에 따라 안료^{pigment}형과 염료^{dye}형이 있습니다. 현재 많이 사용되는 제조 방법은 '안료 분산법', 공정 중심으로는 사진 식각 공정^{photolithography}입니다. 즉, 감광성 컬러 레지스트를 도포하고 포토 마스크를 이용하여 노광 후 현상 과정으로 이어지는 공정으로, RGB 각각의 컬러 레지스트에 대해 동일 과정을 반복합니다. 컬러 레지스트를 도포하는 방식으로는 액상을 뿌린 후 판을 회전시키는 스핀 코팅, 프린터처럼 노즐을 이용해 전체 면에 고르게 도포하는 슬릿^{slit} 코팅, 스프레이 코팅 등이 있습니다. 전착^{electrodeposition} 공정의 경우, 고분자 수지와 착색 안료 등을 전해질 용매에 분산이나 용해시키고 전류를 흘려 양극에 해당하는 투명 전극의 표면에 석출하여 건조시키는 방식입니다. 인쇄 공정의 경우, RGB 잉크를 유기 기판 위에 인쇄하는데 그라비어인쇄, 스크린인쇄, 오프셋인쇄, 잉크젯인쇄 등을 사용합니다. 제조 공정이 간단하여 생산성이 높으며 소재 선택이 비교적 자유로운 이점들이 있으나, 기포에 의한 버블이나 핀홀, 잉크의 번짐, 변색, 패턴 정밀도의 한계 등이 문제입니다.

컬러 필터 위에는 OC$^{Over-Coat}$ 막이 있습니다. 이는 액정과의 상호 화학적 오염을 방지하고, 후속 스퍼터링 공정 등으로부터 컬러 필터를 보호하는 역할을 하며, 표면을 평탄화planarization하는 작용도 합니다. 주로 투명 아크릴 레진, 폴리이미드 레진, 폴리우레탄 레진 등의 소재가 이용됩니다. OC 막 위에는 투명 전극인 ITO 박막이 코팅되어 있으며, TFT 기판과 합착할 경우에 두 기판 간의 간격을 일정하게 유지해 주는 CS^{Column Spacer}가 설치되어 있습니다. LCD 셀이나 패널은 상판인 컬러 필터 기판과 하판인 TFT 기판이 접착제sealant에 의해 서로 합착이 된 구조입니다. 물론 두 기판 사이에는 액정이 채워져 있죠. 다음으로 LCD 패널에 BLU와 구동 회로부가 연결된 구조, 즉 LCD 모듈로 넘어갑니다.

더 생각해보기

- 컬러 필터에 대해 RGB의 배열, 위치, 부화소별 크기의 다름, 백색을 넣은 경우 등을 생각하며 더 다양하게 알아보자.
- 안료(pigment)와 염료(die)는 어떻게 구별될까?
- 안료와 염료를 사용하지 않고 컬러 필터를 구현할 수 있는 방법들이 있다. 그 원리를 설명해 보자.

LCD 패널 용어들

LCD 패널과 관련된 용어들을 정리해 봅니다. 가급적 '가나다' 순을 따릅니다.

공통 배선common bus line은 TFT 기판에서 게이트(행), 소스와 드레인(이상 열)에 공통으로 접속되는 배선입니다. 즉, 각각의 (부)화소에 전압을 인가하기 위해 행 또는 열에 해당하는 (부)화소들을 가로와 세로 배선으로 연결하고, 두 개의 배선을 동시에 선택하면 교차하는 지점의 (부)화소가 선택되고 작동됩니다. 공통 전극common electrode은 일반적으로 TFT 기판의 전극과 마주 보도록 컬러 필터 기판에 배치되어 액정을 구동하는 전극입니다. 물론 FFS나 IPS 모드에서는 TFT 기판과 동일 평면상에 형성되기도 합니다. 하지만 이때는 상대 전극으로 이해하면 될 듯합니다. 여하튼 TFT 기판에서는 각 (부)화소마다 독립된 전극을 가지지만, 컬러 필터 기판에서는 전체를 하나의 공통 전극으로 연결하며 항상 일

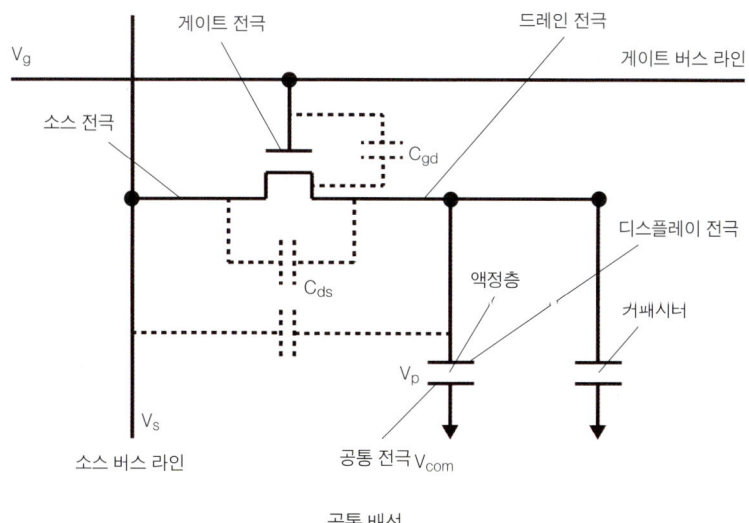

공통 배선

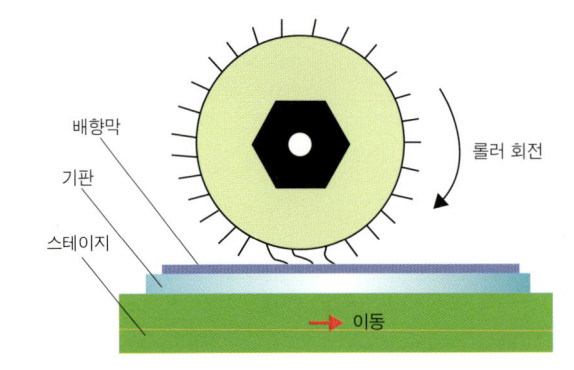

정한 기준 전압을 유지하죠. 즉, 액정은 공통 전극에 일정 전압이 유지된 상태에서 TFT 기판의 (부)화소 전극에 인가되는 전압을 변경하면서 두 전압의 차이로 구동됩니다.

러빙rubbing은 액정 분자들이 균일한 선경사각pre-tilt angle을 가지며 한 방향으로 배열될 수 있도록 배향층의 표면을 부드러운 천(나일론, 면)으로 문질러서 홈 구조를 만드는 공정입니다. 배향층 표면의 액정 분자들은 홈의 방향으로 배열되죠. 홈의 방향을 러빙 방향이라고 하고, 이 방향이

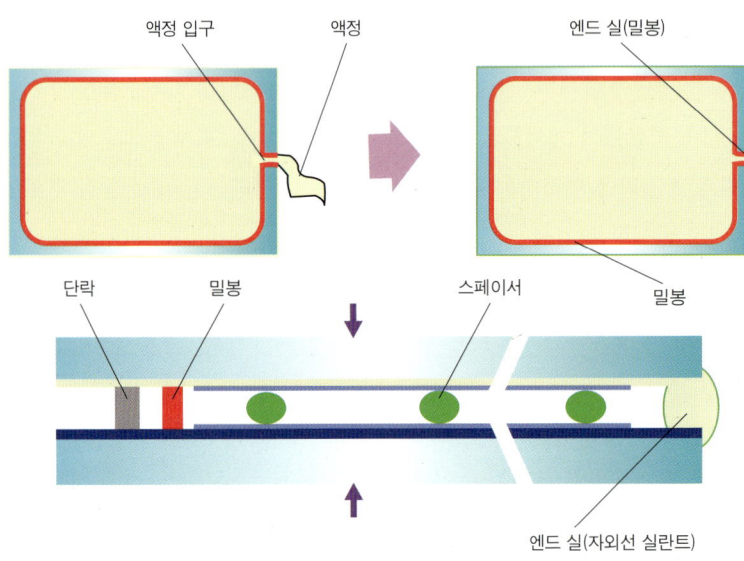

러빙(위)과 밀봉(아래)

기판과 이루는 각도를 러빙 각이라고 하며, 배열된 액정 분자들이 표면으로부터 내부 공간 쪽으로 벗어난 각도를 선경사각이라고 합니다. 밀봉층sealing layer은 액정을 밀봉하기 위해 패널의 가장자리를 둘러 형성된 층이고, 셀 간격cell gap은 상판과 하판 간의 간격이며, 스페이서spacer는 두 기판 간의 간격을 유지하기 위해 패널 안에 설치되는 구조물입니다. 배향alignment은 액정 분자들을 일정 방향으로 배열시키는 행위이며, 이를 위해 배향막rubbing layer이 필요하죠. 배향을 위해서는 배향막의 러빙 공정도 있지만, 그밖에 규소 산화물의 사방 증착법, 계면 활성제 처리, 광학적인 방법 등도 있습니다. 배향막은 LCD 패널의 기본 구조에서 설명한 바가 있죠. (☞61~63쪽 배향막 참조)

보상 필름compensation film 과 위상차 필름retardation film 은 액정 셀의 위상 지연 값을 감소시키거나 증가시키기 위해 셀의 바깥쪽에 위치하는 필름으로서 시야각을 넓히는 목적으로 사용됩니다. 광학적 이방성을 가지는 고분자 막으로 복굴절을 제어함으로써 입사 편광을 변환하는 필름입니다. 블록blocks은 화소 내에서 화소 전극과 공통 전극 사이의 빛이 통과하면서 계조를 표시할 수 있도록 설계된 영역입니다. 블랙 매트릭스Black Matrix, BM는 하판의 TFT 영역을 비정상적으로 통과한 빛을 상판에서 막아주는 역할을 하며, 특히 명암비를 높이기 위해 RGB 컬러 필터들 사이에 만들어진 띠 구조는 블랙 스트라이프black stripe라고도 합니다. (☞66쪽 컬러 필터의 배열 그림 참조)

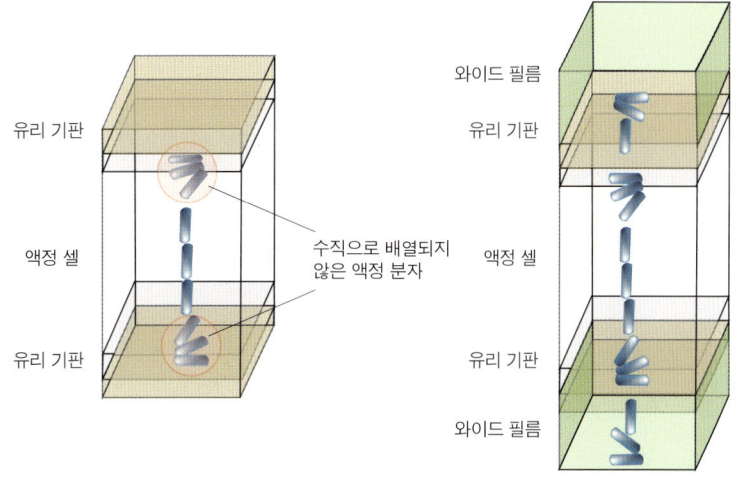

보상 필름

쉐브론 전극

쉐브론chevron 전극은 전압 인가 시 액정 분자들이 편광자에 대해 45도로 경사 배향이 될 수 있도록 투명 전극을 쉐브론 모양(갈매기 또는 V자 모양)으로 형성한 전극 구조입니다. 오버 코트Over-Coat, OC는 컬러 필터 표면의 평탄화를 위해 적용되는 막이죠. 이색성 색소dichroic dye는 특정한 방향으로 더 많은 빛

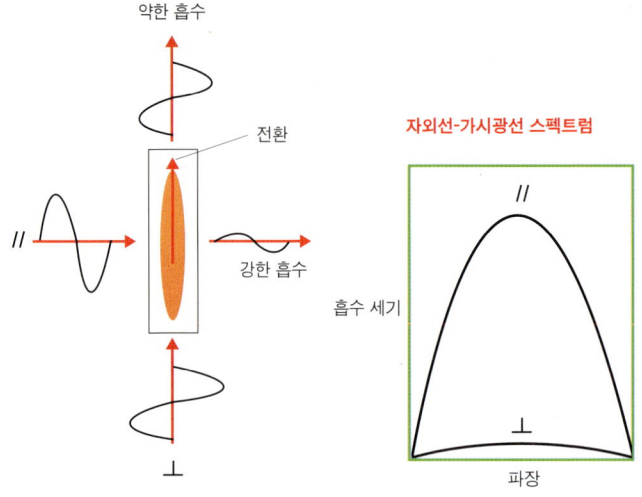

이색성 색소

을 흡수하는 분자로 분자의 장축 방향의 편광을 흡수하는 색소를 양positive 이색성 색소, 횡축(수직) 방향의 빛을 흡수하는 색소를 음negative 이색성 색소라 합니다. 컬러 필터color filter, 편광자polarizer, 편광축polarization axis 등에 대해서는 앞서 설명한 바가 있습니다.

더 생각해보기

● LCD 관련 용어들은 많고 다양하다. 그밖에도 어떤 용어들이 어떤 의미로 사용될까?

피드백 제어

입력은 출력을 만들고

출력은 입력을 제어한다

원인은 결과를 만들고

결과는 원인을 제어한다

사람사는 세상

누구인가가 꼭

십자가를 매어야 하나

남겨진 이들의

아픔은 어떻게 하나

떠난 이들이 남겨준

뼛속 깊은 고통

마지막 피드백이 되어

되풀이되지 않기를 바란다

Feedback;

occurs when outputs of a system are routed back as inputs

as part of a chain of cause-and-effect that forms a circuit or loop.

BLU

LCD 모듈LCD Module, LCM은 LCD 패널에 BLU, 구동부, 외관인 샤시를 연결하고 조립한 것입니다. 여기서 구동부는 구동 IC, PCB와 FPCflexible printed circuit 등 LCD의 구동에 필요한 칩과 회로, 커넥터 등을 포함하죠. 여기서는 BLU에 관해 설명하겠습니다. BLU는 용어 그대로 뒤Back에서 비추어 주는 빛Light을 만드는 장치Unit입니다. 따라서 광원이 있어야 하며, 광원으로부터 나온 빛을 LCD 패널 쪽으로 가이딩하여 올바른 방향으로 잘 퍼지게 하는 기구물들이 필요합니다. 광원의 경우, 초기에는 CCFLCold

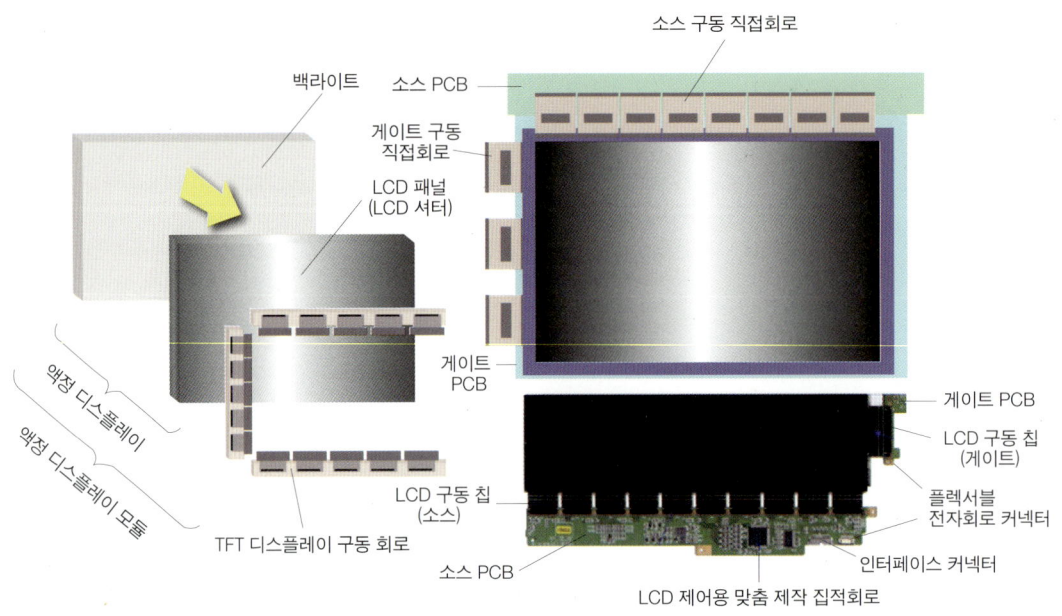

LCD 모듈

74 디스플레이 이야기

Cathode Fluorescent Lamp을 사용하였으나 이후로 효율과 휘도가 높고 수명이 길며 친환경적인 강점이 있는 LED^{Light Emitting Diode}로 바뀌었습니다.

LED 광원들이 설치되고 배열되는 위치에 따라 직하형^{direct type}과 가장자리형^{edge type}으로 분류됩니다. 직하형은 광원들이 LCD 패널의 아래에 2차원 어레이로 설치되고, 가장자리형은 옆에 일렬로 설치됩니다. 직하형은 한층 밝은 화면을 만들 수 있고 밝기를 국부적으로 조절하는 분할 구동, 즉 로컬 디밍^{local dimming}

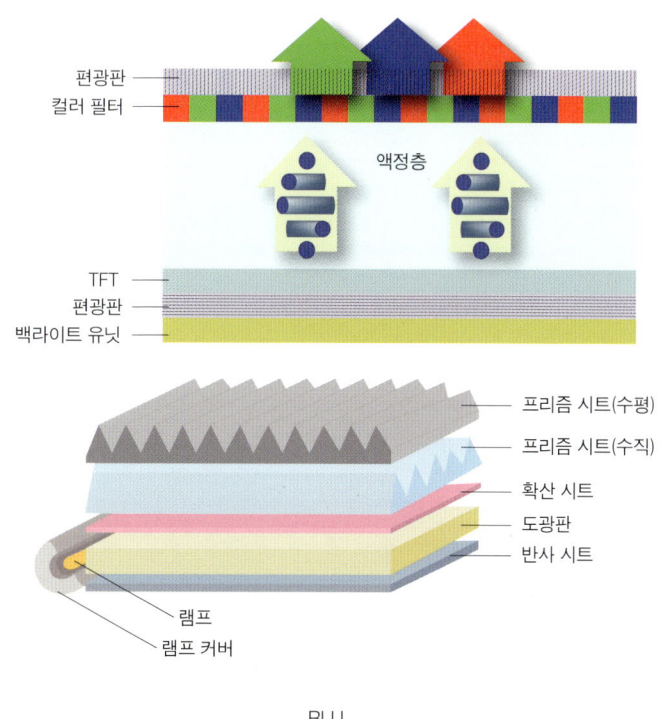

BLU

에 유리하나 두께가 있고 무게가 나가며 가격이 올라간다는 단점이 있죠. 가장자리형은 밝기와 로컬 디밍에 일부 불리한 점이 있습니다. 그러나 LED 기술의 발전으로 직하형도 1mm 이하의 두께가 가능해졌으며, 가장자리형으로도 로컬 디밍이 잘 이루어지고 있죠. 물론 두 방식의 장점을 결합한 하이브리드형도 있습니다. 여하튼 직하형은 밝기, 가장자리형은 디자인에 강점이 있습니다.

특히 가장자리형에서는 LED 광원과 함께 기구물들, 특히 다양한 시트류들이 설치되어 있습니다. 패널 영역으로 빛을 전달하는 도광판^{Light Guiding Plate, LGP}, 뒤로 빠져나가는 빛의 손실을 막는 반사 시트^{reflection sheet}, 빛을 산란시켜서 골고루 퍼지게 하는 확산 시트^{diffusion sheet}, 빛의 방향을 패널 쪽으로 향하도록 하는 프리즘 시트^{prism sheet} 등이 있습니다.

도광판은 주로 투명한 아크릴^{Poly Methyl Meth-Acrylate, PMMA}을 이용하며, 표면에 일정 모양의 패턴을 형성하여 빛이 반사와 산란을 통하여 전달되도록 합니다. 반사 시트는 BLU의 아래쪽에 위치하여 광원이나 도광판에서 오는 빛을 패널 쪽으로 반사하는 역할을 하는데, 작은 돌기들로 이루어지기도 합니다. 돌기들은 광원에서 멀어질수록 크게 만들어서 반사량을 조절하죠. 주로 폴리에스터^{Poly-Ethylene Terephthalate, PET} 필름에 반사율과 내열성이 높은 금속이 코팅된 구조입니다. 확산 시트는 도광판 위에

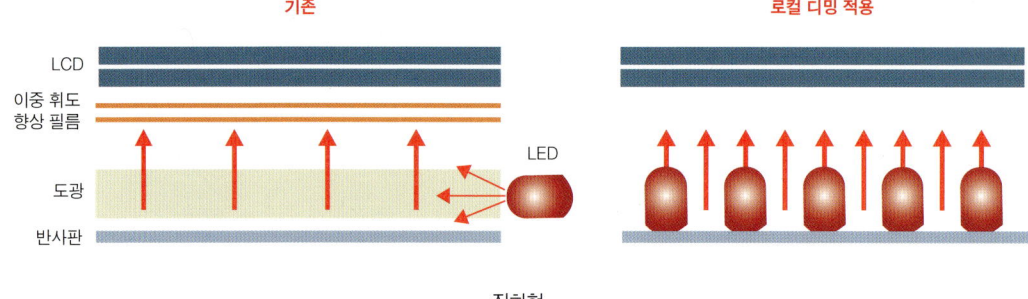

직하형

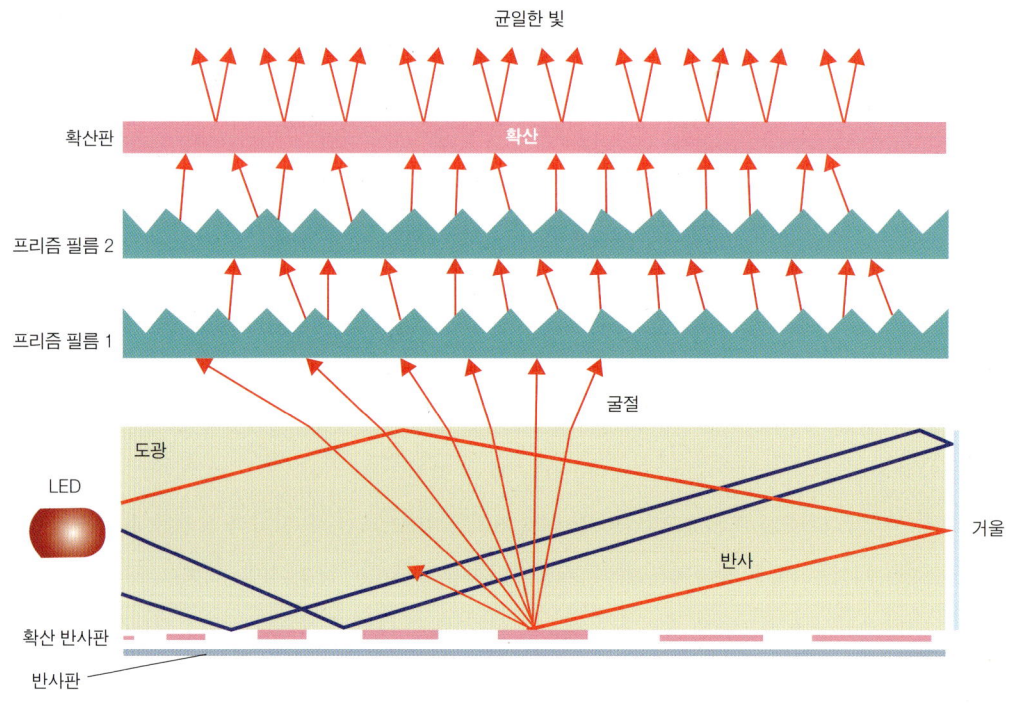

가장자리형

위치하며, 점이나 선 모양의 빛을 산란시켜 고르게 퍼지도록 하여 균일도를 높입니다. 또한 도광판의 패턴을 은폐하고, 비드bead의 굴절 효과로 정면 방향으로의 휘도를 높이는 역할도 하죠. 주로 폴리에스터 필름에 아크릴이나 규소 또는 티타늄 산화물 비드를 사용합니다. 프리즘 시트는 수직 방향으로 집광에 필요하며, 수십 마이크로 크기의 프리즘 형상을 필름 위에 배열시킨 구조입니다. 입사광의 절반 정도가 전반사를 하며, 휘도 증가에 기여를 하죠. 역시 폴리에스터 필름을 기재로 하며 프리즘 패턴 소재로는 높은 굴절률과 투과도를 가지는 자외선 경화 아크릴 수지 등을 사용합니다.

소재와 함께 패턴이나 모양, 굴절률, 내구성과 내마모성 등의 물리, 광학적 특성 변수들이 다양하여 BLU 적용 시트류에서는 연구가 많이 필요한 부분입니다. 그밖에도 확산 시트와 프리즘 시트를 보강할 수 있는 마이크로 랜즈 어레이, 여러 시트들의 효과를 결합하는 적층형 하이브리드 복합 시트, 액정의 동작 모드나 특별한 용도에 따라 채택할 수 있는 다양한 편광 시트류 등이 있습니다.

더 생각해보기

- '모듈'은 '패널'에 어떤 요소들이 더해지는지, 좀 더 구체적으로 알아보자.
- '모듈'은 '패널(셀)' 회사 또는 '세트' 회사 중에 어디에서 만들어질까? 경우에 따라 다르다면 그 이유는 무엇일까?

구동부

LCD 모듈에서 구동부는 영상신호를 받아서 화면의 화소까지 이르는 경로입니다. 이 경로를 따라가며 구동부를 설명해 보겠습니다. 외부 입력으로는 패널을 동작시키기 위한 직류전압이 필요하고, 계조를 표현할 수 있는 RGB 영상신호와 시스템 동기를 위한 클럭이 있습니다. 제어 IC에서는 영상신호와 클럭을 받아서 시스템의 타이밍에 맞추어 각 부화소들에 영상신호가 인가될 수 있도록 주사 구동 회로부와 데이터 구동 회로부를 제어하는 역할을 하죠.

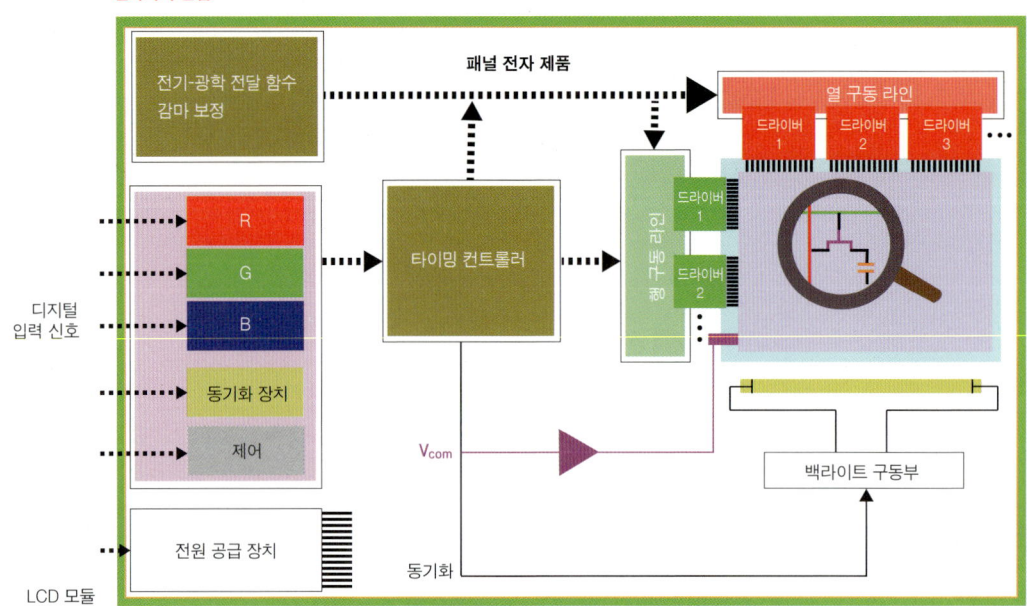

구동부

LCD 모듈의 인터페이스 커넥터로는 두 개의 포트를 통해 신호가 들어오는데, 하나의 포트에서는 전원 신호가 들어옵니다. 이는 DC/DC 컨버터를 통해 시스템이 필요로 하는 전압을 만들어 줍니다. 즉, T-CON부와 주사 및 신호 구동 IC부, 감마 보정부, BLU부에 이르기까지 적절한 전력을 공급합니다. 그리고 다른 하나의 포트에서는 RGB 각각에 대한 영상신호와 함께 동기신호와 제어신호가 들어옵니다. 이 신호들은 타이밍 컨트롤러$^{Timing-CONtroller, T-CON}$로 전달되며, 이로부터 주사$^{scan, gate}$ 구동 회로부와 데이터$^{data, source}$ 구동 회로부로 신호들이 분기되어 전달됩니다. 신호 구동 회로부로는 감마 보정 신호가 함께 인가되죠. 이렇게 하여 패널의 행^{row} 구동 라인의 TFT 게이트 전극들에는 주사 전압이, 열^{column} 구동 라인의 TFT 소스 전극들에는 데이터 전압이 인가됩니다.

주사 구동 회로부는 타이밍에 따라 차례대로 각각의 행 라인에 전압을 인가합니다. 상단부터 하단의 라인까지 순차적으로 신호를 보내기 위한 시프트 레지스터$^{shift register}$, 화소를 온 상태로 하기 위한 전압을 제공하는 레벨 시프터$^{level shifter}$, 만들어진 전압을 지연 없이 빠르게 신호선으로 인가하는 출력 버퍼$^{output buffer}$로 구성되어 있죠. 데이터 구동 회로부는 기본적으로 RGB 영상신호를 받아서 각각의 RGB 부화소에 전달하는 역할을 합니다. 영상신호는 주로 디지털 신호(2진 신호)로 입력되죠. 구성을 살펴보면, 먼저 외부로부터 오는 각 열의 영상 정보를 수평 클럭과 동기하여 샘플링하는 샘플링 래치$^{sampling latch}$가 있고, 역시 클럭에 따라 샘플링 래치의 각 셀들을 순차적으로 동작시키는 시프트 레지스터가 있으며, 한 행 시간$^{1\ horizontal\ time}$ 동안 샘플링이 완료된 신호를 전달받는 홀딩 래치$^{holding latch}$가 있습니다. 그리고 홀딩 래치로부터의 디지털 영상 정보를 아날로그로 바꾸어 주는 DA 컨버터$^{DA converter}$가 있고, 아날로그 신호를 각 부화소들로 인가하여 액정을 구동하도록 하는 출력 버퍼가 있죠. 이상이 LCD 구동부의 기본적인 설명이며, 이러한 구동부와 BLU, LCD 패널이 상호 연결되어 LCD 모듈을 구성합니다.

 **더 생각해보기**
- 구동부를 응용 제품들, 즉 모바일 기기(폰이나 테블릿 PC), 모니터, TV 등으로 구분하여 더 알아보자.
- 지금 구동부로 연결되는 부품들이 패널 안으로 얼마나 더 들어갈 수 있을까?

액정(상) 관련 용어들

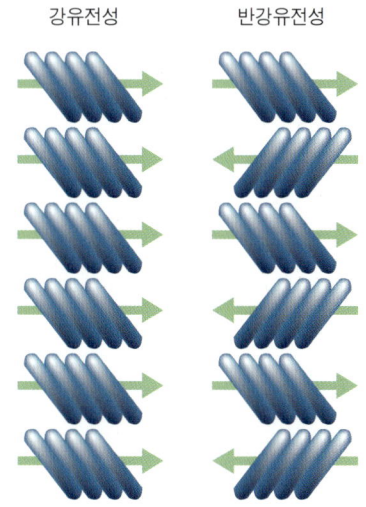

강유전성   반강유전성

강유전성 액정과 반강유전성 액정

액정 및 액정 상들과 관련된 용어, 액정 셀을 작동시키는 모드와 관련된 용어, LCD의 동작 특성, 성능과 관련된 용어들을 정리하고 설명하고자 합니다. 먼저, 액정 및 액정 상들과 관련된 용어입니다. 가급적 '가나다' 순을 따릅니다.

강유전성 액정 ferroelectric LC은 액정 분자가 내부에 영구 쌍극자를 가지고 있어서 자발적인 전기 분극을 가지고 있는 액정 상입니다. 따라서 외부 전기장과 직접 상호작용하므로 응답 속도가 빠릅니다. 다만 쌍안정성으로 인해 계조 구현이 어렵고, 배향이 균일하지 못하며, 외부 충격에 의해 쉽게 깨지는 단점도 있습니다. 반강유전성 액정 Anti-Ferroelectric LC, AFLC은 스멕틱 액정 상의 한 종류로 영구 쌍극자들의 극성이 각 층들 간에 반전이 되어 있는 상태입니다. 전기장이 인가되면 쌍극자들의 극성이 한쪽 방향으로 균일하게 정렬되면서 강유전성 액정 상태로 전이되죠. 즉, 전기장에 의해 광축이 정렬되면서 어두운 상태에서 밝은 상태로 전환됩니다. 고속 응답 특성을 가지고, 계조 구현이 가능하며, 멀티 도메인에 의해 넓은 시야각을 확보할 수 있습니다. 그러나 역시 배향에 관한 어려움으로 인해 상용화는 되지 못하고 있습니다.

경사 결함 혹은 전경선 disclination line 은 액정의 결함 중에서 선형 결함 line defect 에 해당하며, 도메인의 경계를 말합니다. 꼬임각 twisted angle 은 꼬인 네마틱 셀의 위쪽 방향자 director 와 아래쪽 방향자를 평면에 투영시켰을 경우에 두 방향자가 틀어진 각도이며, TN LC는 90도, STN LC는 180도에서 270도의 범위

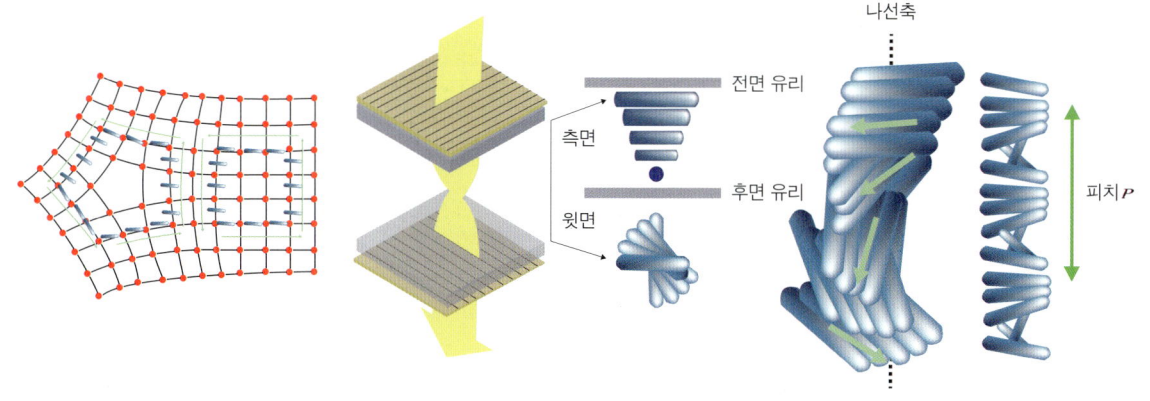

경사 결함(왼쪽), 꼬임각(가운데), 나선 피치(오른쪽)

를 가집니다. 광축 혹은 광학축 optic axis, optical axis 은 빛이 액정과 같은 이방성 매질을 투과할 때 편광 상태가 변하지 않는 진행 방향을 의미합니다. 나선 피치 혹은 카이랄 피치 helical pitch, chiral pitch 는 콜레스테릭 액정과 같이 액정 분자들이 꼬여 있는 나선 구조에서 방향자가 360도의 회전을 하기 위한 최소 거리를 말합니다. 네마틱 액정에 카이랄 첨가제를 넣으면 액정 분자들이 나선 구조를 가지게 됩니다. 이때 나선 피치는 첨가제의 농도에 따라 변하게 되죠.

네마틱 상 nematic phase 은 액정 분자들 간의 방향 질서는 있고 위치 질서는 없는 액정 상입니다. 위치가 고정되어 있지는 않지만, 분자들 간의 상호작용으로 방향성을 가지므로 방향자가 존재합니다. 따라서 굴절률, 유전율, 자화율 등의 전기광학적 특성에서도 이방성을 가집니다. 이를 이용한 것이 네마틱 LCD이며, 외부에서 전기장을 인가하여 액정 분자들을 전기장의 방향에 수직 또는 평행하게 배열시키면서 통과하는 빛의 편광을 조절합니다. 스멕틱 상 smectic phase 에서는 액정 분자들이 장거리 방향 질서와 함께 부분적으로 위치 질서를 가지며 층을 형성합니다. 층 간의 분자 이동에는 속박이 있지만 층 안에서는 자유로이 움직일 수 있는 상태로

서 1차원 분자 중심의 위치 질서도를 가지고 있으며, 2차원 평면에서는 분자 중심의 이동이 자유롭죠. 위치 질서도에 따라 더욱 세분화되는데, 발견된 순서로 이름에 A, B, C가 붙여집니다. (☞30쪽 액정 분자들의 배열 그림 참조) 카이랄 상chiral phase은 자발적으로 꼬임 상태를 가지는 액정 상이며, 콜레스테릭 상cholesteric phase은 액정의 방향자가 평면에서는 네마틱 질서도를, 평면에 수직한 방향으로는 나선 구조를 가집니다.

도메인domain은 액정 셀 내에서 액정 방향자의 배향이 일정하거나 연속적으로 변화되어 불연속성이 없는 영역을 말하며, 시야각을 넓히기 위해 한 화소에 여러 개의 도메인을 두기도 합니다. 동적 산란dynamic scattering은 액정층 안에서 전기-유체학적인 효과로 발생하는 빛의 산란 현상입니다. (☞37쪽 동적 산란 그림 참조) 예를 들어, 유전 이방성을 가진 네마틱 액정에 도전성 물질을 첨가하여 전도도를 높인 상태에서 전기장을 인가하면 전기장을 따라 이온 전류가 생성되고, 액정 분자들의 무작위적 상태random state의 운동이 발생합니다. 이로 인해 미세한 복굴절 영역들이 수도 없이 생기게 되고, 이들 경계에서 빛이 난반사하고 산란하면서 셀은 불투명 상태가 되죠.

방향자director는 액정 분자들의 평균 배향을 나타내는 단위 벡터입니다. (☞31쪽 방향자 그림 참조) 즉, 액정 분자는 인접한 분자와 평행하게 배열하려는 성향이 강하지만 열적 요동 등으로 방향과 위치가 시간적, 공간적으로 끊임없이 변합니다. 이는 거시적으로는 작은 범위일지라도 분자 스케일에서는 충분히 큰 영역이며, 방향자는 영역 내에 존재하는 액정 분자들의 평균 방향을 나타냅니다. 밴드 상태band state는 액정 분자들의 배향이 평형상태에서 벗어난 변형의 한 종류로 배열 구조가 장축 방향으로 휘어진 상태를 말합니다.

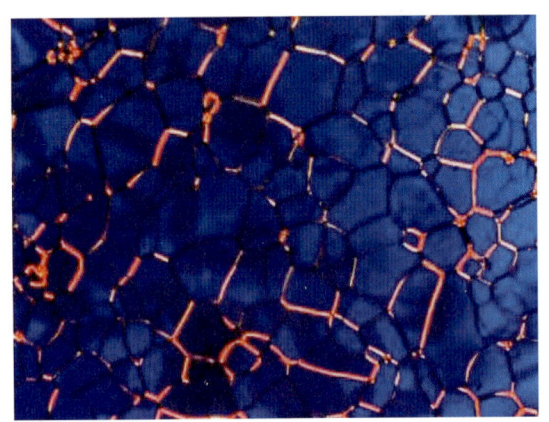

액정 상전이

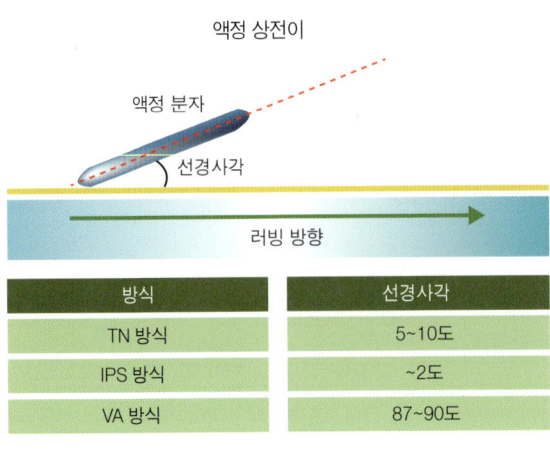

선경사각

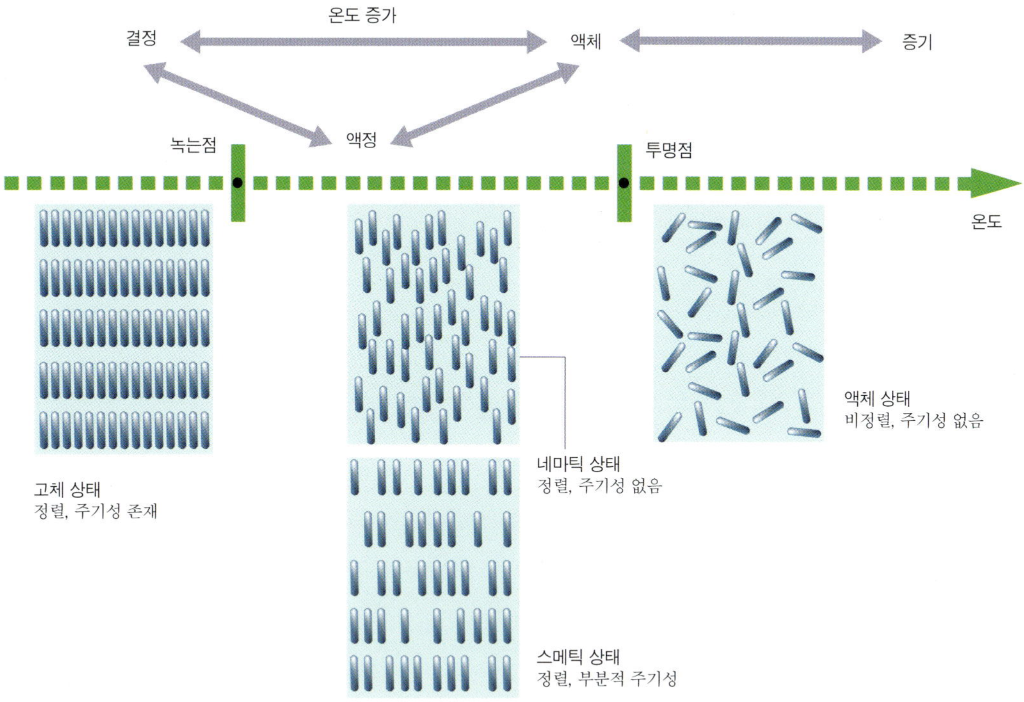

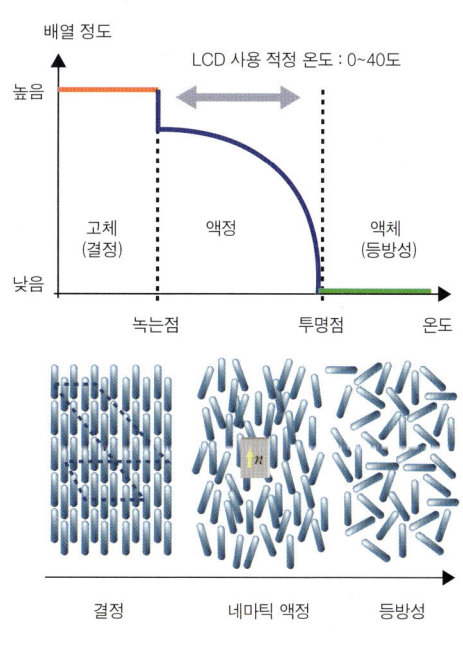

상전이phase transition는 액정의 상이 변하는 현상입니다. 주로 외부의 열에 의해 발생하는데, LCD 불량의 원인이 됩니다. 따라서 액정의 상전이 온도는 LCD의 동작 온도 범위를 결정하게 됩니다. 선경사각pre-tilt angle은 초기에 설정되는 값으로 기판 표면과 액정 분자 사이의 각도를 말하죠. 수직 배향homeotropic alignment과 수평 배향homogeneous alignment은 각각 액정 분자의 장축이 기판 표면에 수직 및 수평으로 배향된 상태를 일컫습니다. (☞31쪽 액정 분자들의 배향 그림 참조) 스플레이 상태splay state는 액정 분자들의 배향이 평형상태에서 벗어나서 부챗살을 펼친 모양으로 배열된 상태입니다.

용이축easy axis은 기판 표면에 액정 분자가 배열될

전이와 투명점(위쪽과 아래쪽)

액정 디스플레이 알아가기

경우 자유에너지가 가장 낮은 방향을 의미합니다. 전이^{transition}는 액정이 한 상태에서 다른 상태로 변화하는 현상이죠. 예를 들면, 온도 전이형 액정의 상은 앞서 말했듯이 위치 질서와 방향 질서에 따라 네마틱 상과 스맥틱 상으로 구분되는데, 온도에 따라 다른 상으로 전이됩니다. 집합 조직^{texture}은 전압의 불안전한 인가로 액정이 원하지 않는 방향으로 배향되거나 결함이 생성된 상태입니다. 투명점 $_{clearing\ point}$은 액정이 등방성으로 전이를 시작하는 온도를 의미합니다.

더 생각해보기

- 강유전성 액정의 장점, 그리고 발전이 더딘 이유를 알아보자.
- STN LCD의 90도~270도의 꼬임각에 대해 전기광학적 특성을 알아보자. 360도의 경우도 생각해 보자.
- 액정 관련 용어들은 실로 다양하다. 그 용어들과 뜻을 더 생각해 보자.

액정(셀) 모드 용어들

다음으로 액정 또는 액정 셀의 작동 모드와 관련된 용어들입니다. 역시 가급적 '가나다' 순을 따릅니다. 게스트-호스트 효과 guest-host effect 모드는 액정 셀(host)에 특정 파장의 빛을 흡수하는 이색성 색소(guest)를 첨가하여 빛의 흡수를 조절합니다. 여기서 이색성 색소는 액정과 같은 막대 모양의 비등방성 분자로서 빛의 흡수율이 편광 방향에 따라 달라지는 물질이죠. 게스트-호스트 모드에 전압을 인가하지 않으면 특정 파장의 빛에 대한 흡수가 일어나고, 전압을 인가하면 흡수가 일어나지 않습니다. 이 구조를 적층하여 디스플레이로 이용하면, 감산 색 혼합 subtractive color mixing 방식으로 컬러를 구현할 수

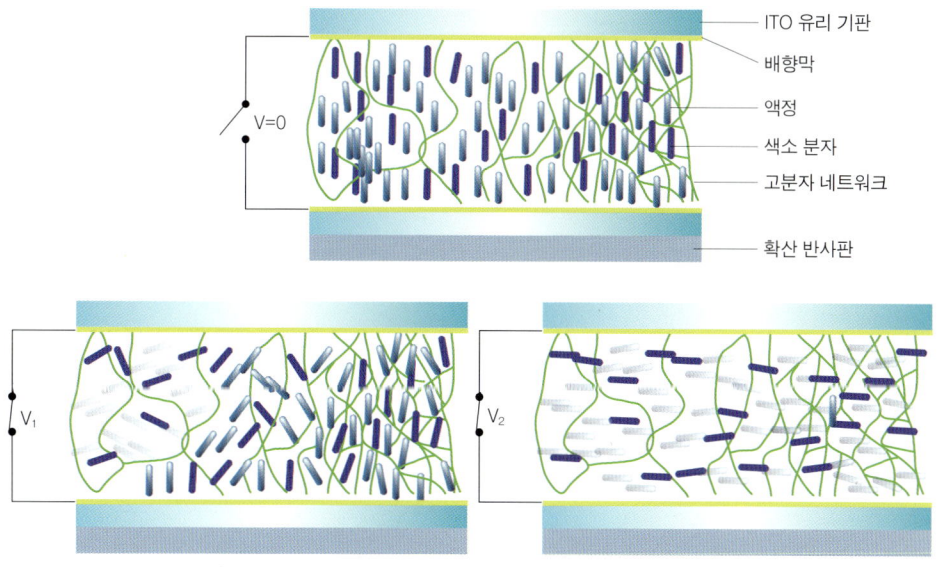

게스트-호스트 효과

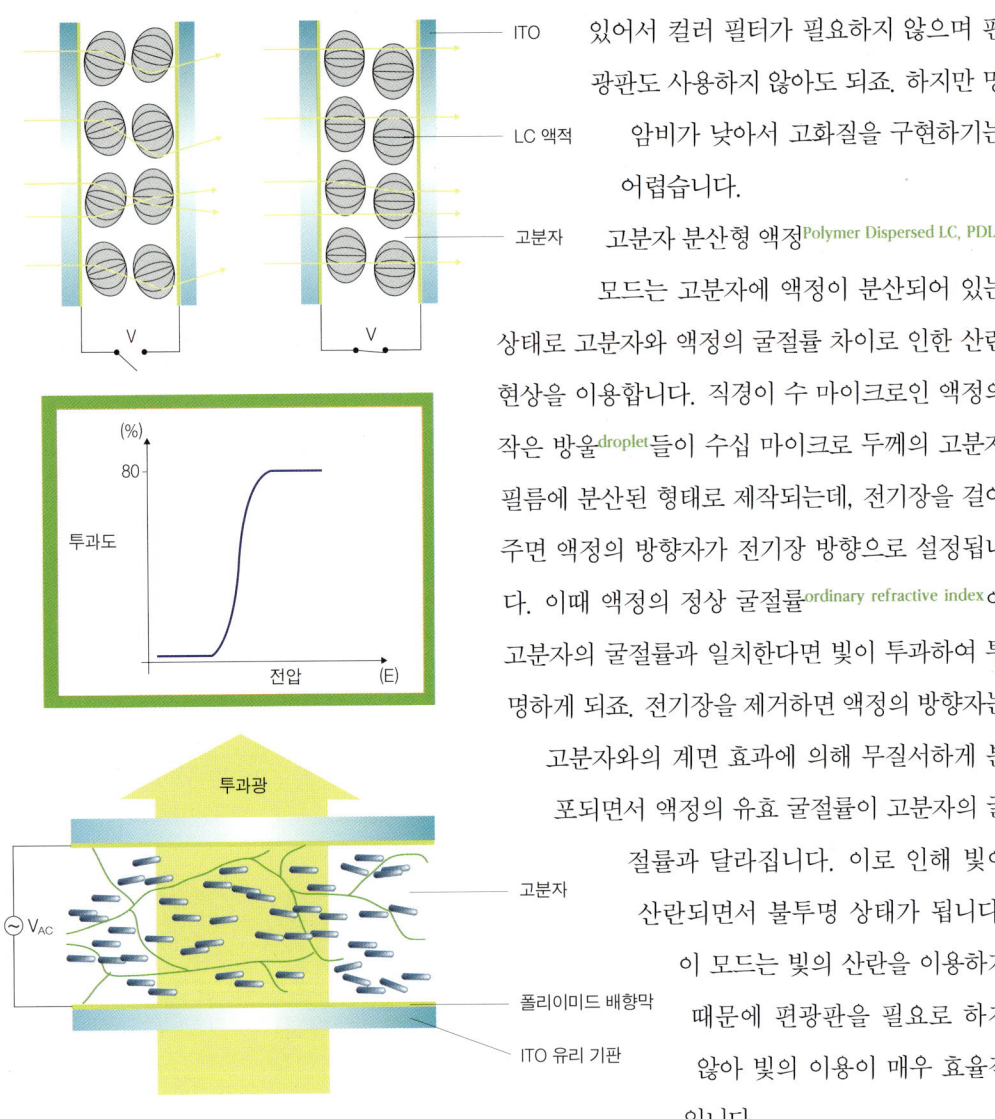

고분자 분산형 액정

있어서 컬러 필터가 필요하지 않으며 편광판도 사용하지 않아도 되죠. 하지만 명암비가 낮아서 고화질을 구현하기는 어렵습니다.

고분자 분산형 액정Polymer Dispersed LC, PDLC 모드는 고분자에 액정이 분산되어 있는 상태로 고분자와 액정의 굴절률 차이로 인한 산란 현상을 이용합니다. 직경이 수 마이크로인 액정의 작은 방울droplet들이 수십 마이크로 두께의 고분자 필름에 분산된 형태로 제작되는데, 전기장을 걸어주면 액정의 방향자가 전기장 방향으로 설정됩니다. 이때 액정의 정상 굴절률ordinary refractive index이 고분자의 굴절률과 일치한다면 빛이 투과하여 투명하게 되죠. 전기장을 제거하면 액정의 방향자는 고분자와의 계면 효과에 의해 무질서하게 분포되면서 액정의 유효 굴절률이 고분자의 굴절률과 달라집니다. 이로 인해 빛이 산란되면서 불투명 상태가 됩니다. 이 모드는 빛의 산란을 이용하기 때문에 편광판을 필요로 하지 않아 빛의 이용이 매우 효율적입니다.

꼬인 네마틱Twisted Nematic, TN 액정 모드는 뒤쪽과 앞쪽 기판 사이에 있는 액정의 초기 배향이 90도로 꼬인 구조를 가지는 네마틱 액정 모드입니다. 즉, 뒤쪽 및 앞쪽 기판의 러빙 방향을 서로 직교시키고 기판의 액정을 수평 배향하면 두 기판 사이의 액정 분자들은 내부 에너지를 최소화하기 위해 90도의 꼬인 구조를 형성하게 되죠. 이때 두 기판에 부착되는 편광판들의 투과축 역시 액정의 러빙 방향과 같도록 서로 직교시키면 뒤쪽 편광판을 통과하여 선편광된 빛은 액정층을 통과하면서 편광 방향이 액정 분자와 평행하게 바뀝니다.

TN 시야각

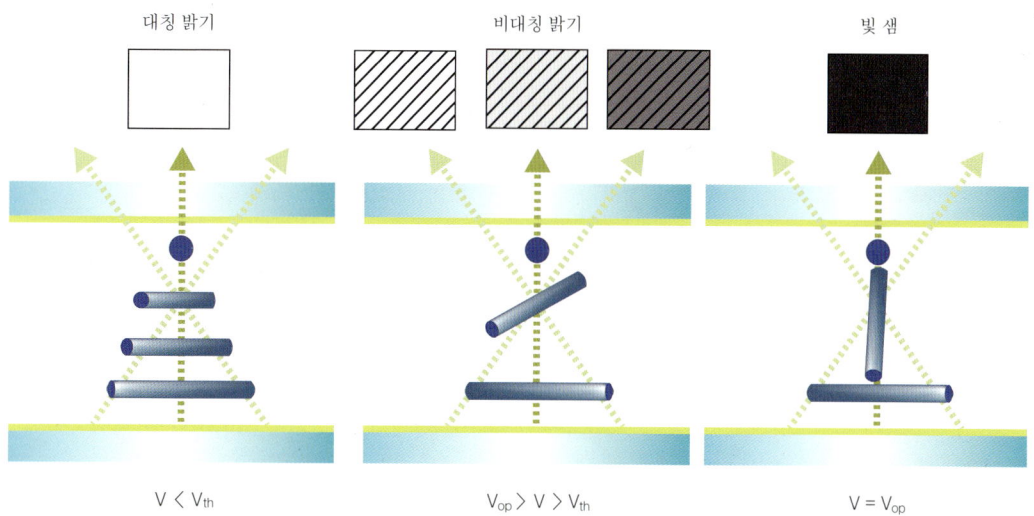

액정의 전기 광학 곡선

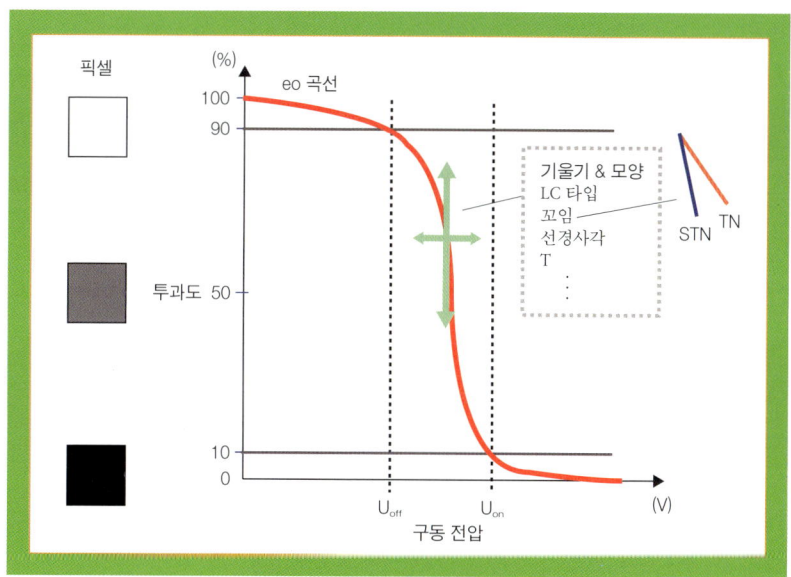

꼬인 네마틱 액정 모드와 초꼬인 네마틱 액정 모드

따라서 앞쪽 편광판을 통과하면서 밝은 상태를 구현합니다. 두 기판 간에 전압을 인가하면 액정 분자들이 수직하게 정렬이 되면서 뒤쪽 기판에서 입사된 빛의 편광 방향이 변하지 않고 그대로 진행하

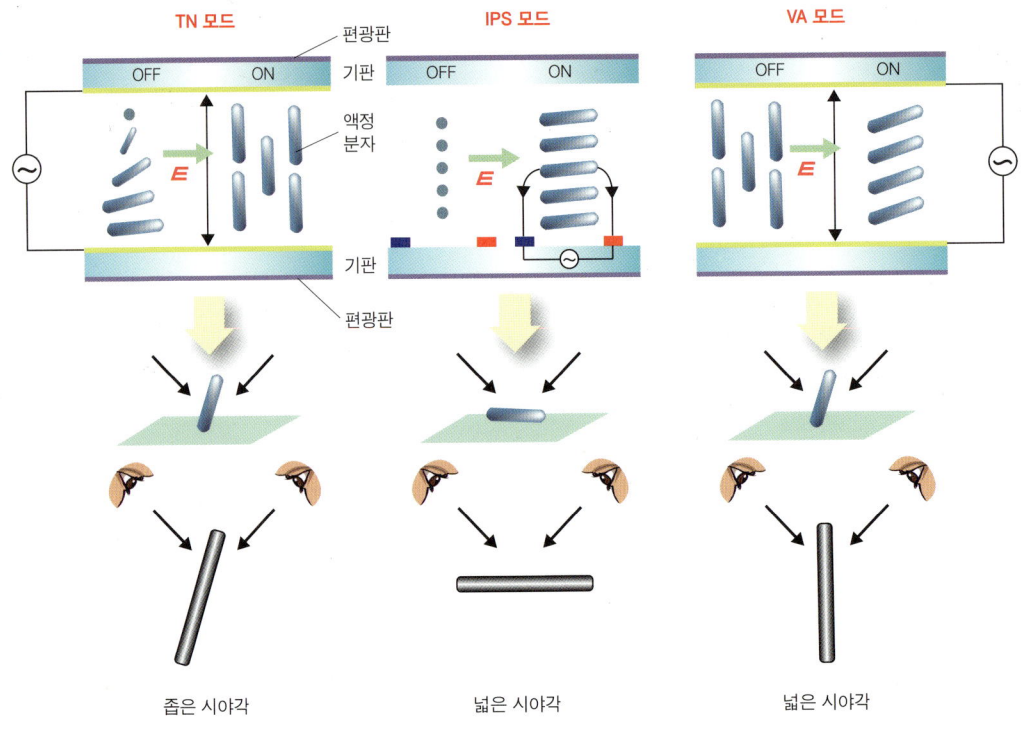

TN 모드, IPS 모드, VA 모드

여 앞쪽 편광판을 통과하지 못하게 됩니다. 이로 인해 어두운 상태가 되죠. 현재까지 가장 많이 사용되고 있는 모드이나 응답 속도가 느리고 시야각이 좁다는 단점이 있습니다. 초꼬인 네마틱 Super Twisted Nematic, STN 액정 모드는 뒤쪽과 앞쪽 기판 사이에 있는 액정의 초기 배향이 180도에서 270도가량 꼬인 구조를 가지는 네마틱 액정 모드이죠. 이렇게 비틀림 각을 증가시키면 기울기가 가파른 전압-투과 특성을 얻을 수 있어 높은 명암비와 많은 정보량을 얻을 수 있습니다.

모서리 전계 스위칭 Fringe Field Switching, FFS 모드에서는 하부 기판에 막대(또는 꺽쇠) 모양의 화소 전극과 사각 플레이트 모양의 상대 전극을 절연층을 사이에 두고 형성하여 전기장 인가 시 두 전극 간에 모서리 전기장이 형성되면서 수평 배향된 액정을 회전시킵니다. 이때 화소 전극과 상대 전극 부분의 위쪽과 모서리 쪽을 포함한 모든 영역의 액정 분자들을 회전시켜 넓은 시야각을 확보할 수 있습니다. 패턴 수직 배향 Patterned Vertical Alignment, PVA 모드에서는 하판의 화소 전극과 상판의 상대(공통) 전극을 일정 간격으로 분리하고, 형성된 모서리 전기장을 이용하여 수직 배향된 액정 분자들의 경사 방향을 조절함으로써 수직 방향성과 함께 넓은 시야각을 얻게 됩니다. 평면 내 스위칭 In Plane Switching, IPS 모드에서

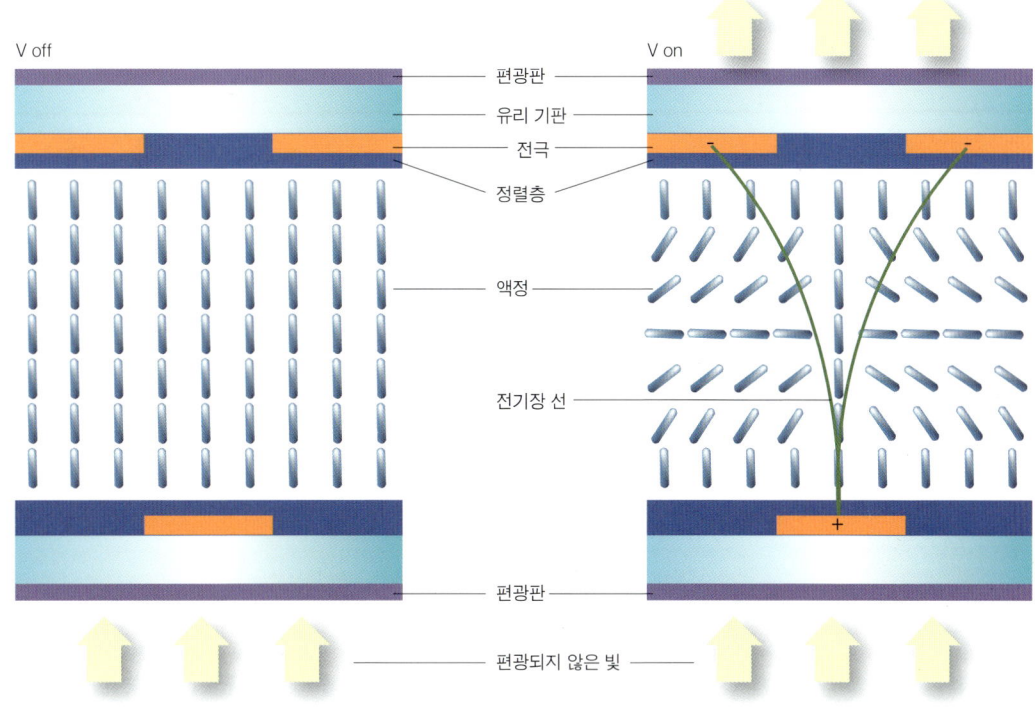

패턴 수직 배향(PVA) 모드

는 화소 전극과 상대(공통) 전극을 모두 하판에 형성하고, 수평 방향으로의 전기장을 이용하여 수평 배향된 액정 분자들을 역시 기판에 평행하게 회전시킴으로써 넓은 시야각이 가능합니다.

반사형 LCD^{reflective-type display}는 외부의 광원(자연광)을 이용하며, 아래쪽 기판에 반사판을 설치하여 반사되는 빛으로 작동됩니다. BLU에 들어가는 소비 전력을 줄일 수 있고 햇빛 아래에서의 가독성이 좋은 반면, 표면에서 반사되는 빛의 성분으로 인해 명암비가 낮은 단점이 있습니다. 투과형 LCD^{transmissive-type LCD}는 LCD의 가장 일반적인 구조로 BLU 광원으로부터의 빛이 LCD 패널을 통과하면서 동작합니다. 반투과형 LCD^{transflective-type LCD}는 반사형과 투과형이 혼합된 구조로 밝은 외부 환경에서는 반사형으로, 비교적 어두운 실내에서는 투과형으로 작동됩니다. 백색 바탕 모드^{normally white mode}는 외부 전압이 인가되지 않을 때 빛이 투과하여 최대 휘도를 가지는 경우이며, 반대로 흑색 바탕 모드^{normally black mode}는 전압 인가가 없을 때 빛이 차단되어 최소 휘도를 표시하는 모드입니다. 오시비^{Optically Compensated Birefringence, OCB} 모드는 밴드 상태로 배열된 액정 셀에 보상 필름을 이용하는 모드이며,

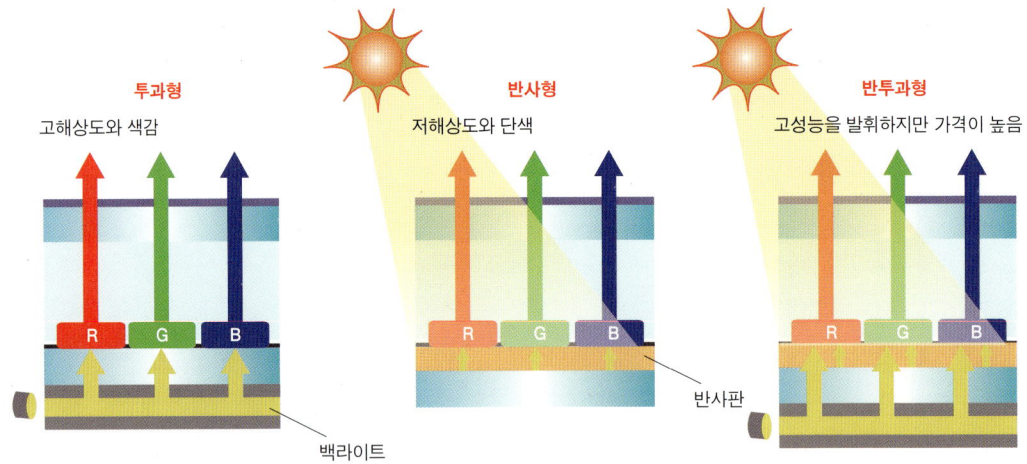

투과형 LCD, 반사형 LCD, 반투과형 LCD

초기에는 파이 셀pi cell로 명명되었죠. 전압 제어 복굴절Electrically-Controlled Birefringence, ECB 모드는 전기장으로 액정 셀 내의 액정 분자들의 배열을 수직이나 수평으로 배향하고 액정 셀의 복굴절 정도를 조절하여 작동되는 모드입니다.

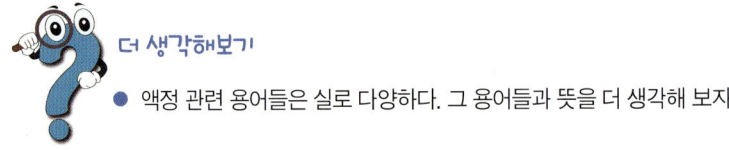

● 액정 관련 용어들은 실로 다양하다. 그 용어들과 뜻을 더 생각해 보자.

동작 특성과 성능 용어들

다음으로 LCD의 전기광학적 동작 특성, 성능과 관련된 용어들에 대해 하나씩 알아가 봅시다. 간섭crosstalk, cross modulation에서 광학적인 간섭은 이웃 화소들 간에 서로 빛이나 색의 영향을 주거나 받는 현상을 말합니다. 전기적인 간섭은 작동되는 화소로부터의 누설 전압(전류)이나 기생 정전용량에 의해서 선택되지 않은 화소가 일부 작동이 되는 현상입니다. 특히 매트릭스형 수동 구동의 경우에는 선택되지 않은 화소에서도 표시 신호가 왜곡되어 명암비가 저하되기도 하죠.

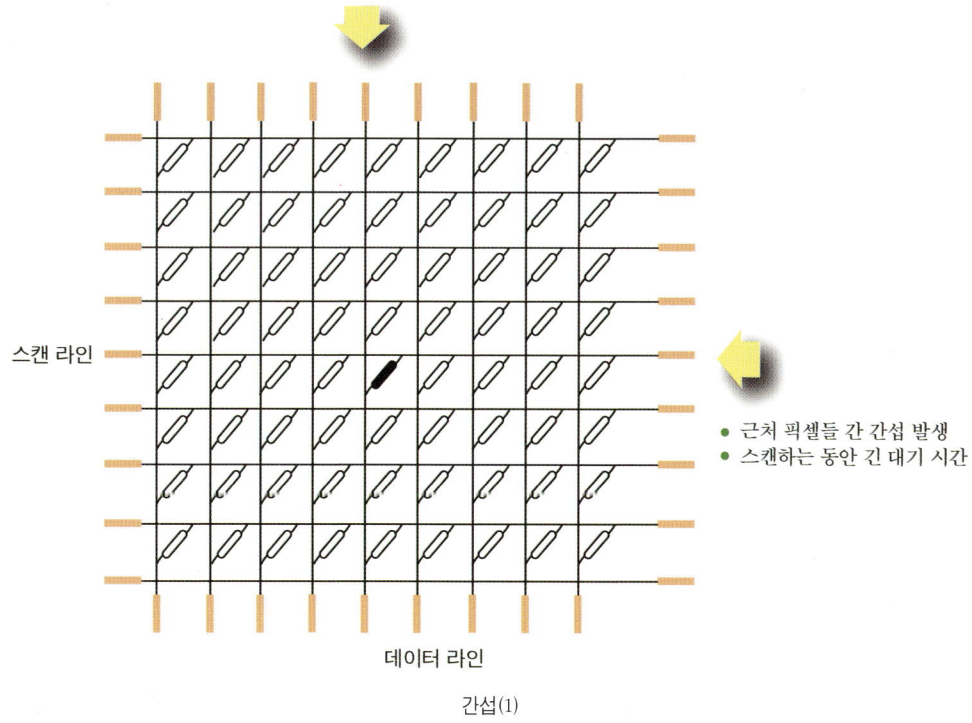

간섭(1)

액정 디스플레이 알아가기 91

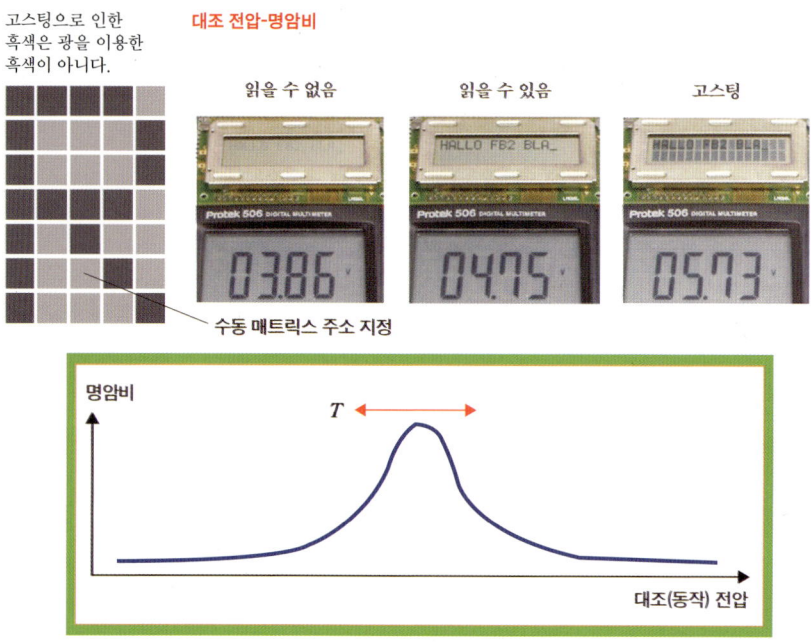

• PM은 QVGA에 적합하며 SVGA까지 가능하다.

간섭(2)

　　꺼짐 시간turn off time은 액정 구동 전압이 온On에서 오프Off로 바뀌었을 때, 휘도(투과율)가 10%까지 감소하는 데 걸리는 시간입니다. 켜짐 시간turn on time은 반대로 오프에서 온으로 전압이 바뀔 경우, 휘도가 90%로 이르기까지 걸리는 시간입니다. 광학적 문턱 전압optical threshold voltage은 인가 전압에 따른 투과율 곡선에서 전압을 증가시킬 때 액정 셀의 투과율이 변화하는 시점에서의 전압을 의미합니다. 액정 셀의 가운데 층에 위치한 액정 분자가 회전하기 시작하는 전압을 나타내는 프레데릭츠 문턱 전압Freedericksz threshold voltage보다는 일반적으로 1.5배에서 2배 정도 높게 나타나죠. 또한 광학적 포화 전압optical saturation voltage은 투과율이 더 이상 변화하지 않는 전압을 말합니다.

　　기억 효과memory effect 또는 저장 효과storage effect는 인가 전압을 제거하더라도 액정 분자의 배열 상태가 유지되어 시각적인 정보를 유지할 수 있는 특성입니다. 이를 위해서는 기본적으로 쌍안정bistability 특성을 가지고 있어야 하며, 강유전성 LCD(FLCD), 콜레스테릭 LCD 등이 대표적이죠. 동일 정보를 계속 표현할지라도 전압을 인가할 필요가 없어 소비 전력이 낮아 반사형 LCD로 구현하여 사인 보드, 스마트 태그, 전자 종이, 전자책 등에 응용합니다. 로컬 디밍local dimming은 화면의 분할 구동을 의미합니다. 즉, BLU에서 LED 광원들을 다수의 영역들로 구분하고 영상신호와 연계하여, 영상의 어두운 부분

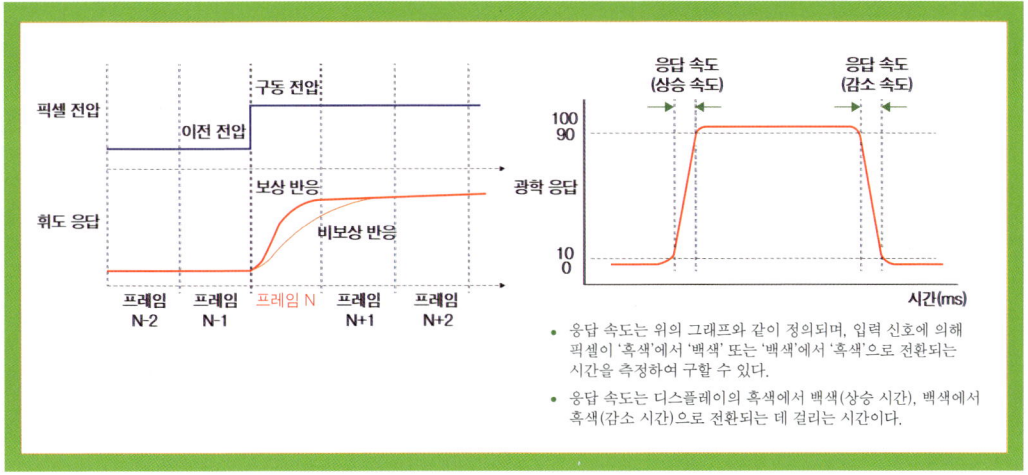

켜짐 시간과 꺼짐 시간

에 해당하는 영역은 휘도를 줄이고 밝은 영역은 휘도를 높여 줌으로써 명암비와 소비 전력을 개선하는 기술입니다.

무라mura는 화면의 특성이 균일하지 못하고 얼룩이 진 상태를 총칭하며, 얼룩stain은 무라 중에서도 특히 영상의 경계가 흐릿하게 나타나는 화소 결함을 뜻합니다. 잔상after image은 다음 영상으로 넘어간 후에도 이전의 영상이 남아 있는 현상으로 열화burn-in로도 표현합니다. 잔상과 관련된 보다 세부적인 용어들을 살펴보면, 영구 잔상image sticking, residual image, braking image은 장시간 지속적으로 남아 있는 비복원 잔상으로, 일시 잔상image retention은 일정 시간이 지나면 기존 상태로 돌아오는 비복원 잔상으로 구별됩

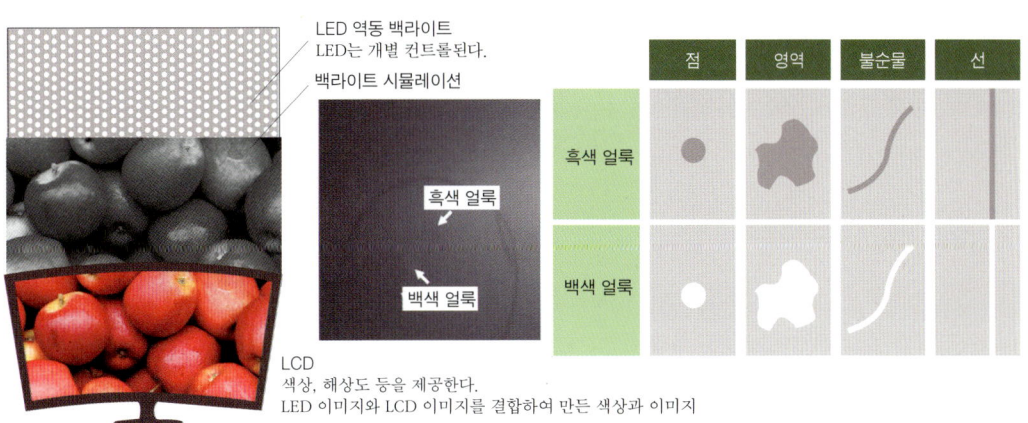

로컬 디밍과 얼룩

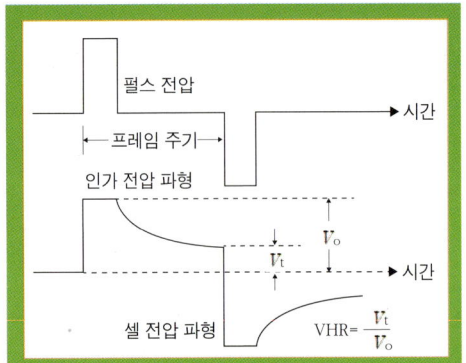

니다. 특히 일시 잔상의 경우 명 잔상 bright image retention 과 암 잔상 dark image retention이 있는데, 각각 밝은 화면과 어두운 화면으로 전환할 때 이전 이미지가 잔류하는 현상에 해당하죠.

전압 유지율 voltage holding ratio은 화소가 충전된 이후의 전압 유지 수준입니다. 액정에 전압을 인가하면 전하량(Q)은 정전용량(C)과 전압(V)의 곱으로 충전되는데, 이후부터 원치 않는 전하 손실과 방전이 일어나게 되고, 이 상황에서 전압을 유지하고 있는 수준을 의미합니다. 전압-투과율 곡선 Voltage-Transmission steepness, V-T curve은 LCD 패널에 인가된 전압에 의해 셀 내의 액정 분자가 거동함으로써 나타나는 광 투과율의 변화, 즉 인가 전압과 광 투과율 간의 관계를 보여 줍니다.

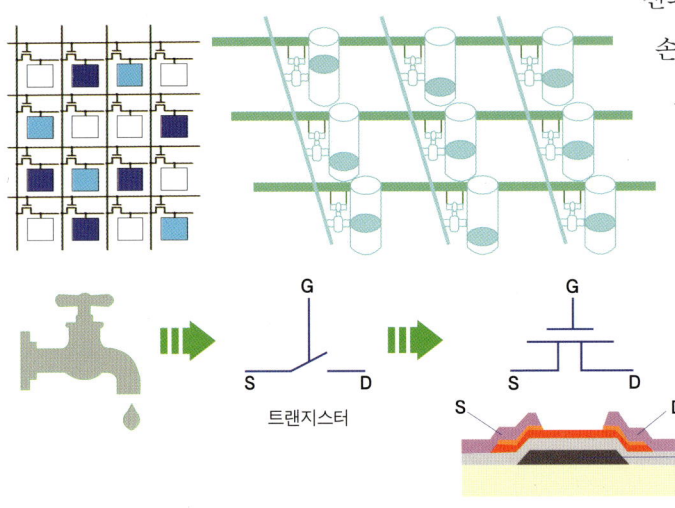

전압 유지율

 더 생각해보기

● LCD 성능과 관련된 용어들을 더 알아보자.

94　　　　　　　　　　　　　　　　　　　　　　　디스플레이 이야기

수식으로 원리를 잡다!

응답속도란?

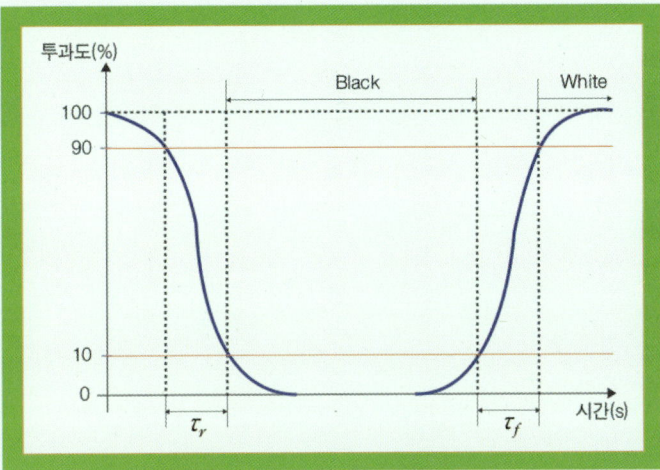

$$\tau_r \propto \frac{rd^2}{\varepsilon(V-V_{th})^2}$$

$$\tau_f \propto \frac{rd^2}{\pi^2 k}$$

r : 회전 점도　　V : 인가 전압
d : 셀 갭　　　　V_{th} : 문턱 전압
ε : 유전상수　　k : 탄성계수

NW(Normally White) TN 모드 기준 응답 속도 그래프에서 τ_r(rising time)은 구동 전압 ON 상황, τ_f(falling time)는 구동 전압 OFF 상황 값을 의미한다.

τ_r, τ_f 값은 투과도 기준 0~100% 값이 아닌 10~90% 값으로 산출하는 이유는 0~10% 구간과 90~100% 구간의 값이 오차 범위가 크기 때문이다.

J.W.Park

직업병

성당 밖에서
햇빛이 유리창에 닿는데, 광원

오랜 성당 창문의 유리들은
두께가 다르다는데
그래서 빛의 투과도가
부분적으로 바뀌는데, 액정

빛은 각기 다른 밝기, 다른 색깔로
스테인드글라스를 지나는데, 컬러 필터

액정디스플레이 수업 자료로
연결될 듯도 한데, 직업병

작동 모드

LCD는 액정의 전기광학적 특성을 기반으로 동작하며, 액정의 종류, 배열 및 배향, 동작 전압의 인가 방법 등에 따라 다양한 방식들로 작동됩니다. 이러한 작동 모드들에 대해서 일단 현재까지 산업에서 널리 사용되어 온 모드들을 먼저 설명하기로 합니다. 즉, 주요 작동 모드는 네 가지이며, 꼬인 네마틱Twisted Nematic, TN 모드, 평면 내 스위칭In Plane Switching, IPS 모드, 모서리 전계 스위칭Fringe Field Switching, FFS 모드, 수직 배향Vertical Alignment, VA 모드가 해당됩니다. (☞88쪽 TN 모드, IPS 모드, VA 모드 그림 참조)

기술	구동 방향	주요 응용 분야
TN	수평-수직	노트북, 모니터, 보급형 휴대폰
IPS	수평 회전	TV, 모니터
FFS	수평 회전 (경사진 영역 포함)	TV, 스마트폰, 태블릿
VA (MVA, PVA, PS-VA)	수직-수평	TV, 모니터

더 생각해보기

● 본문의 모드 외에도 지금 제품에 적용되고 있는 모드들이 더 있을까? 있다면 무엇일까?

TN 모드

상부와 하부 기판의 두 기판 사이에 전압을 인가하지 않은 상태에서 기판과 닿는 액정 분자들은 기본적으로 기판 표면의 러빙 홈에 수평으로, 즉 누운 자세로 배열됩니다. 그리고 상판과 하판의 러빙 홈들이 90도의 각도로 만들어지므로 상판과 하판 표면의 액정 분자들은 역시 90도만큼 틀어져서 배치되고, 이들 사이의 액정 분자들은 0도에서 90도까지의 각도로 조금씩 틀어지면서(꼬이면서) 배열이 되죠. 이때 두 기판 간의 간격, 즉 셀 갭$^{cell\ gap}$은 액정 분자의 장축과 단축 방향으로의 굴절률 차이와 입사될 빛의 파장에 의해 결정됩니다. 셀 갭과 굴절률 차이를 곱한 위상 지연 값이 파장의 1/2이 되도록 하죠. 이를 꼬인 네마틱$^{Twisted\ Nematic,\ TN}$ 모드라고 합니다.

상판과 하판에 부착되는 두 개의 편광판들도 각각의 기판 위의 배향막의 러빙 홈과 같은 방향, 즉 액정 분자들이 정렬되는 방향으로의 광축을 가집니다. 뒤쪽의 BLU로부터 나온 빛의 경로를 따라가 보면, 먼저 하판의 편광판을 지나면서 한쪽 방향으로만 진동하는 선형 편광 상태가 되고, 액정층을 통과하면서 위상 지연이 일어나서 90도의 각도로 틀어진 선편광 상태가 되어 상판의 편광판을 통과하게 되죠. 따라서 밝은 화면이 표시됩니다. 만일 두 기판 사이에 전압을 인가하게 되면 기판 사이의 액정들이 유전율 이방성에 의해 전기장에 나란한 방향으로 정렬하게 되면서, 액정층을 통과하는 빛에 위상 지연이 일어나는 정도가 변하게 되어 선형 편광이 틀어지는 각도가 역시 변하게 됩니다. 이로 인해 상판의 편광판을 통과할 수 있는 빛이 줄어들고, 최대 전압이 인가되어 액정 분자들이 위상 지연이 전혀 일어나지 않을 정도가 됩니다. 즉, 거의 수직으로 정렬하게 되면 가장 어두운 화면이 표시되죠. 이상은 전압을 인가하지 않은 상태에서 밝은 상태가 되기 때문에 백색 바탕$^{normally\ white}$ 모드라 합니다. 반면에 상판과 하판에 각각 부착되는 편광판의 광축을 나란히 배치하여 전압을 인가하지 않은 상태에서 어두운 상태가 되는 경우를 흑색 바탕$^{normally\ black}$ 모드라고 합니다. 일반적으로 흑색 바탕 모드가

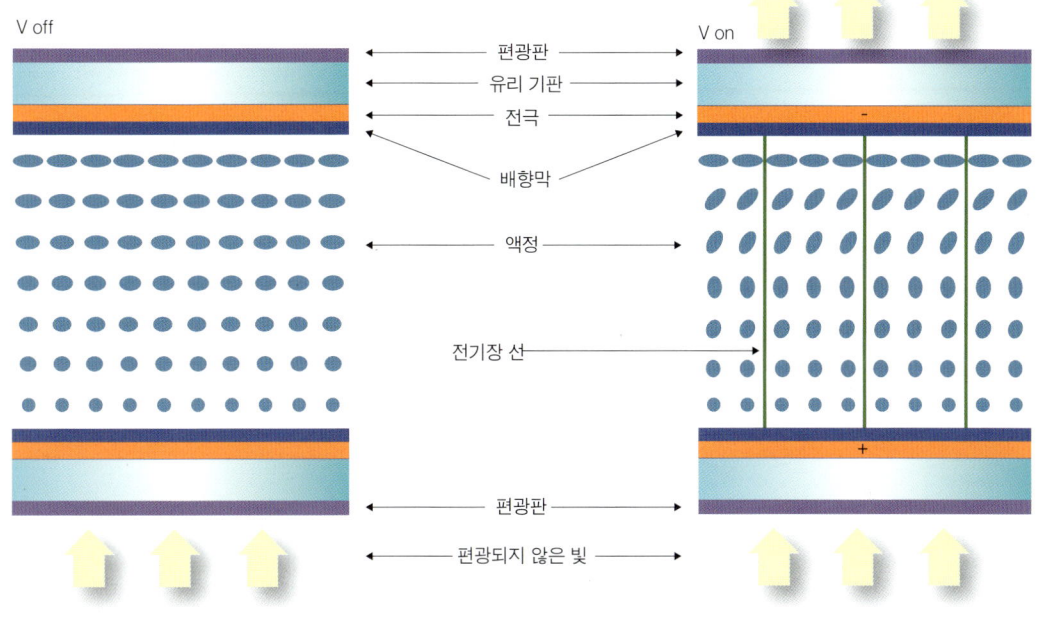

TN 모드

상대적으로 명암비가 낮은데, 이는 액정을 통한 빛샘 현상으로 인해 완전한 흑색을 구현하기가 어렵기 때문입니다. 아울러 러빙을 통한 액정 배향의 경우, 러빙되지 않은 상태에 비해 균일도가 떨어지기도 하죠.

    이러한 TN 모드는 상판과 하판에 형성되는 투명 전극이 별도의 복잡한 형상을 필요로 하지 않아서 빛의 투과율이 높습니다. 또한 액정의 응답 속도, 즉 동작 속도가 빠르다는 것이 큰 장점입니다. 인가 전압에 대한 액정의 응답 속도에 있어서 액정의 켜짐turn on 시간과 꺼짐turn off 시간은 액정 고유의 특성인 탄성계수와 회전점도, 액정의 굴절률과 연관된 셀 갭, 액정의 유전상수를 고려한 문턱 전압과 인가 전압으로 결정됩니다. 즉, 응답 속도를 결정하는 인자들은 모두 액정의 물성에 의존합니다. 따라서 응답 속도를 높이기 위해서는 높은 탄성계수와 낮은 회전점도, 높은 굴절률과 유전상수를 가지는 액정이 이상적이죠. 다만 이러한 인자들의 값은 상호 이율 배반trade off 관계를 가지고 있으며, 여기에 신뢰성까지 추가적으로 고려할 경우 사용할 수 있는 액정의 종류도 매우 제한적입니다. 이러한 상황에서도 TN 모드에 적용할 수 있는 액정들은 그 선택의 폭이 비교적 넓어서 빠른 응답 속도를 구현하는 데 유리한 점이 분명히 있죠.

TN 모드는 높은 광 투과율과 빠른 응답 속도에 유리하고, 이에 더해 제작 과정이 비교적 용이하며 제조 비용도 낮다는 장점들이 있지만, 반면에 시야각 특성에서 약점을 지니고 있습니다. 즉, 액정의 비대칭적인 배열 상태로 인해 보는 각도에 따라 액정의 유효 굴절률이 달라져서 화면을 통과하는 광량이 시야각에 의존하게 됩니다. 이를 해결하기 위해 광 시야각 보상 필름을 적용하고, 다중 배향을 시도하는 등의 노력이 있어 왔지만 그 한계를 완전히 극복하지 못하였죠. 따라서 시야각 개선을 위한 모드들이 활발히 개발되었습니다. 대표적인 것이 다음으로 설명할 평면 내 스위칭^{In Plane Switching, IPS} 모드와 수직 배향^{Vertical Alignment, VA} 모드입니다.

더 생각해보기

- 셀 갭은 액정 분자의 장축과 단축 방향으로의 굴절률 차이와 입사될 빛의 파장에 의해 결정된다. 또 다른 것은 없는지 좀 더 알아보자.
- 위상 지연, 선편광과 원편광에 관해 더 알아보자.
- 액정의 응답 속도가 액정의 켜짐과 꺼짐 시간, 탄성계수와 회전점도, 셀 갭 등에 의해 결정되는 이유를 알아보자.

수식으로 원리를 잡다!

TN LCD 투과율

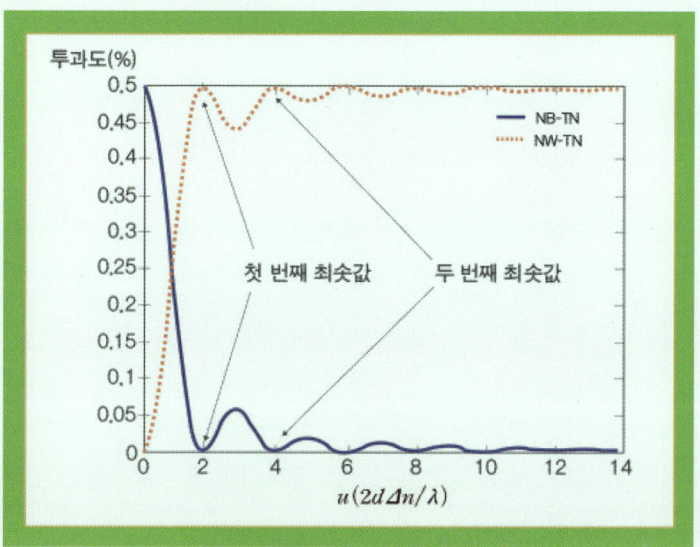

$$T = 1 - \frac{\sin^2\frac{\pi}{2}\sqrt{1+u^2}}{1+u^2} \qquad u = \frac{2d\Delta n}{\lambda}$$

T : 투과율
λ : 파장
d : 셀 갭
Δn : 굴절률 이방성

실선은 Normally Black (NB) TN 모드, 점선은 Normally White (NW) TN 모드 투과율을 나타내며 투과율은 u로 표기된 값, 즉 빛의 파장, 액정의 굴절률 이방성, 패널의 셀 갭에 의해 특성이 좌우된다.

J. W. Park

IPS 모드

평면 내 스위칭In Plane Switching, IPS 모드의 경우, 상판과 하판 공히 액정들이 기판에 평행하도록 수평, 동일 방향으로 배열됩니다. 다만 방향자가 전극과 일정 각도를 가집니다. 두 장의 편광판들은 TN 모드의 경우와 같이 두 기판에 광축이 서로 교차되도록 부착되는데, 전압이 인가되지 않은 초기 상태에서는 흑색 바탕 모드를 가지게 되죠. 액정 구동용 전극들은 하판에만 설치되며, 전압이 인가되면 기판과 평행한 방향으로 전기장이 형성되고 액정 분자들 또한 평면에 나란하게 회전을 합니다. 이때 액정

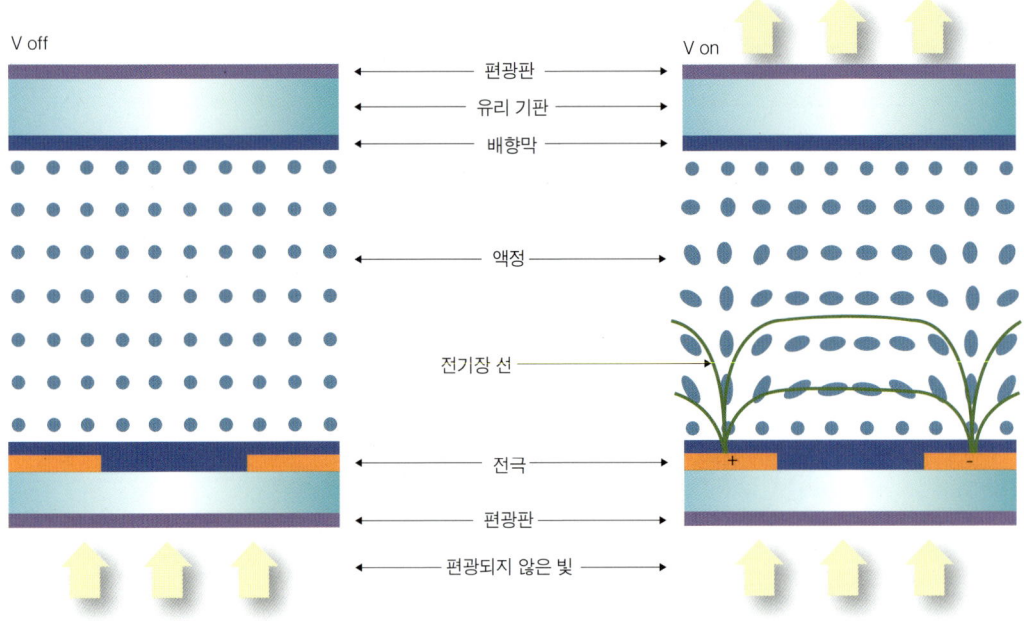

IPS 모드

의 거동은 유전율 이방성의 양과 음의 값에 따라 서로 다른 성향을 보입니다. 따라서 사용 가능한 액정의 종류가 일부 제한적이기도 하죠.

IPS 모드의 가장 큰 특징이자 장점은 액정들이 수평으로 회전을 하면서 대칭을 유지하므로 수직으로 거동하는 다른 모드들에 비해 액정의 굴절률 변화가 적어 시야각 특성이 우수하다는 점입니다. 다만 일부 상황에서는 시야각 문제가 드러나기도 합니다. 예를 들어, 러빙 방향과 일치하는 쪽에서는 굴절률 차이가 존재하여 시야각이 저하되기도 하죠. 직선 형태의 전극을 갈매기 또는 V자형^{chevron}으로 변형할 경우, 2개의 영역^{domain}으로 분할이 가능하고 두 영역에 배열된 액정이 서로 보상을 하면서 시야각을 개선할 수 있습니다.

IPS 모드는 낮은 광 투과율과 느린 응답 속도가 단점으로, 광 투과율 측면에서는 V자형 전극 구조의 S-IPS$^{Super\ IPS}$, 수평 전극 구조의 H-IPS$^{Horizontal\ IPS}$, 듀얼 전극 구조의 AH-IPS$^{Advanced\ High\ performance,\ Advanced\ Horizontal\ IPS}$ 등으로 전극 구조의 디자인을 개선하면서 발전해 왔습니다. 다만 응답 속도에 있어서는 액정의 물성과 배향을 최적화하고, 전극 각도를 조절하며, 구동을 통해 보상을 하는 등으로 개선이 진행되고는 있지만 다른 모드들에 비해서는 여전히 열세로 남아 있습니다. 또한 전극들 간의 거리가 비교적 길어서 높은 구동 전압이 필요하며, 수평 전기장만을 활용하여 액정 역시 수평 방향으로만 회전하며, 전극 위의 액정은 거동을 하지 않으므로 광 투과율이 낮습니다. 이러한 문제점들을 해결하기 위해 모서리 전계 스위칭$^{Fringe-Field\ Switching,\ FFS}$ 모드가 개발되었는데, 여기에서는 전극 간의 거리를 전극의 폭보다 줄이거나 공통 전극을 추가로 형성하여 전극 간 간격을 제로로 하였습니다. 모서리 전계를 사용함으로써 전극 위의 액정도 회전을 할 수 있도록 하였는데, 이는 AH-IPS와 매우 유사한 방식으로 볼 수 있습니다.

더 생각해보기

- IPS 기술은 다양하게 점진적으로 발전해 왔다. 발전 경로와 각각의 세부 기술들에 관해 알아보자.
- 앞으로의 방향, 즉 터치 기술의 발전, 투명 디스플레이, 유연 디스플레이 등과 IPS 기술과의 궁합은 어떠할까?

FFS 모드

IPS 모드에 대해 FFS 모드를 비교하는 방식으로 설명을 이어가겠습니다. 즉, 두 모드 공히 초기 액정 분자들은 수평으로 배열됩니다. 다만 IPS 모드는 수평 전기장을 이용하는 개념으로 두 전극, 즉 화소 전극과 공통 전극 간의 거리가 전극의 폭보다 커야 하며, 두 전극 간의 간격이 액정 셀의 갭보다도 커야 합니다. 그러나 이 경우에는 전극들의 윗부분에서는 액정 분자들에게 유전 토크를 발생시킬 수

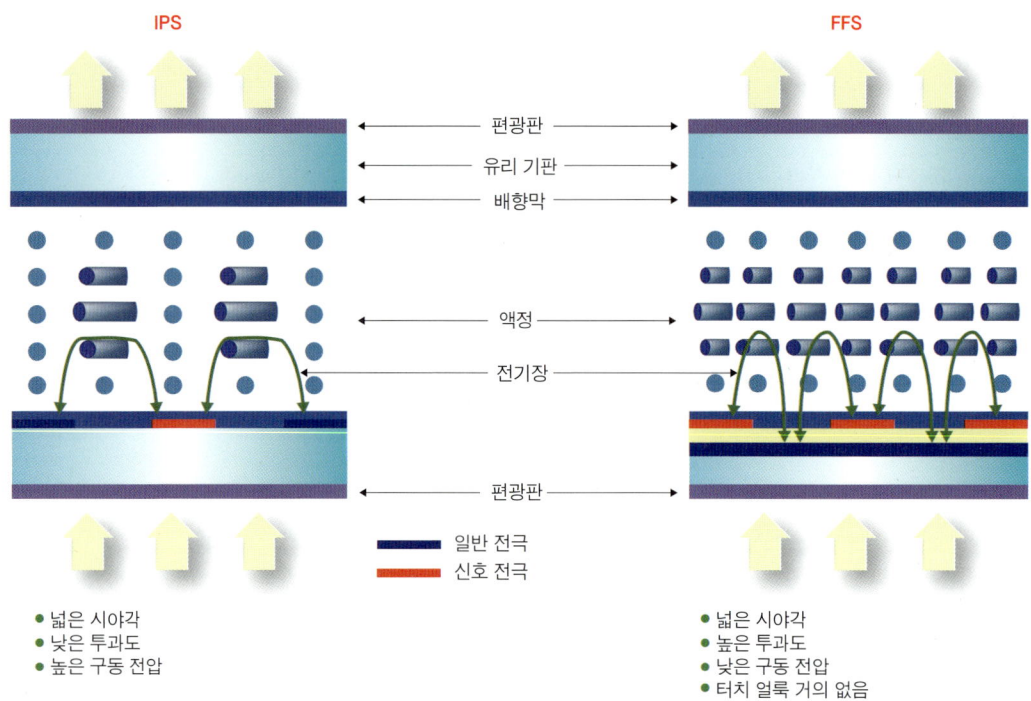

IPS 모드와 FFS 모드의 비교

있는 수평 전기장이 존재하지 않아서 광 투과율의 손실이 발생하죠. 따라서 광 투과율을 가능한 증가시키려면 상대 전극들 간의 간격을 키워야 합니다. 이는 인가 전압도 함께 증가시켜야 하는 부담을 동반합니다. 즉, 광 투과율과 인가 전압 사이에 상호 이율 배반적인 관계가 존재하게 되죠.

FFS 모드의 경우에는 화소 전극과 공통 전극 간의 거리가 전극의 폭과 액정 셀의 갭보다 작습니다. 따라서 전극 위의 액정 분자들도 함께 수평 회전하게 되어 광 투과율이 증가합니다. 즉, 투과가 모든 영역에서 일어나게 되죠. 다만 두 전극 간의 간격이 좁아서 동시에 패터닝을 하는 공정보다는 두 전극 중의 하나(공통 전극)를 절연막을 사이에 두고 아래쪽에 평면 구조로 가져가는 것이 공정 마진과 함께 보조 정전 용량을 형성하는 데 유리합니다. 이렇게 함으로써 두 전극 사이에 얇은 두께의 무기 절연막만이 존재하게 되어 IPS 모드에 비해 최소 다섯 배 이상의 강한 전기장을 형성할 수 있습니다. 따라서 인가 전압도 낮출 수 있죠. 다만 광 투과가 모든 영역에서 일어나므로 화소 전극과 공통 전극 모두가 투명해야 합니다. 이는 제작 과정에 마스크 공정이 하나 추가되기도 하나, 반면에 정전 용량 커패시터 역시 전 영역에 투명하게 형성되므로 투과도를 향상시킬 수 있다면 개구율을 높일 수 있는 잠재적인 장점도 있게 됩니다. 이와 함께 터치 센서의 사용으로 외부로부터 물리적인 압력이 패널에 인가될 때, 출렁거림pooling이나 자국bruising이 발생하지 않기 위해서는 액정 분자들이 누워 있는 구조가 유리합니다. 특히 IPS 모드에 비해 FFS 모드가 유리한데, 액정의 거동 후 고정시키는 전기장 밀도가 상대적으로 높고, 액정 분자들의 재배열이 하부 기판 쪽에서 활발하게 일어나는 특징에 기인합니다. 참고로 IPS 모드에서는 액정 셀의 가운데 부분에서 액정 분자들이 가장 많이 꼬이게 되죠.

 **더 생각해보기**

- FFS 모드의 탄생 배경을 좀 더 구체적으로 생각해 보자.
- FFS 모드가 지금 가지고 있는 위치나 중요성은 어느 정도일까? 그 이유는 무엇일까?

VA 모드

수직 배향Vertical Alignment, VA 모드에서는 액정 분자들을 기판에 대해 수직으로 배향시킵니다. 즉, 러빙을 통해 기판에 수평 배향을 시킬 경우에 발생하는 표면의 거칠기와 오염으로 인한 불균일성, 빛샘과 흑색의 휘도 증가, 명암비 감소를 개선하는 것이 목적이죠. VA 모드에서는 러빙 공정이 없고, 액정이 수직으로 배향되므로 이러한 문제들을 최소화할 수 있습니다. 특히 화면을 정면에서 바라볼 때 액정 분자들의 단축 방향을 보게 되므로 액정 불균일에 의한 빛샘 현상이 줄어들어 명암비가 향상됩니

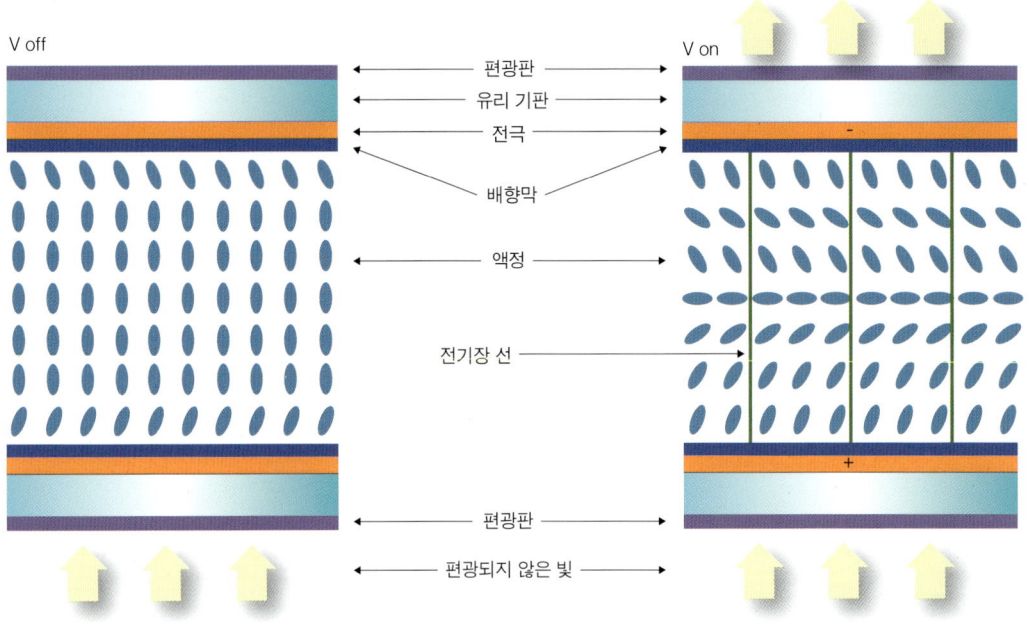

VA 모드

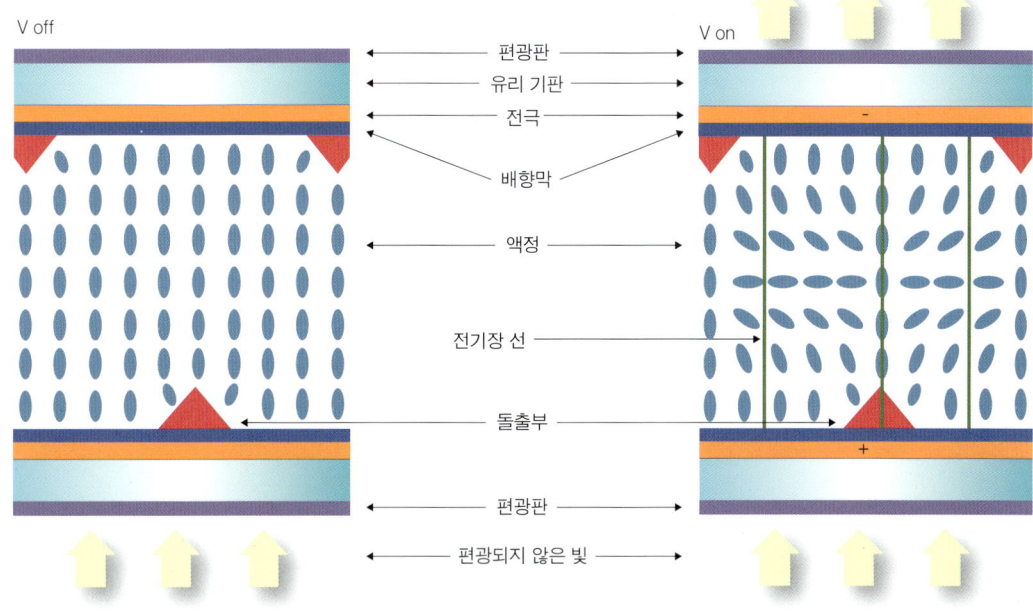

MVA 모드

다. 음의 유전율 이방성을 가지는 액정 분자들을 기판에 수직으로 배열한 상태이므로 입사된 빛이 액정층을 통과하면서 위상 지연이 일어나지 않아 전압이 인가되기 전에는 직교한 편광판에 의해 흑색 바탕 모드가 설정됩니다. 전압이 인가되면 상판과 하판 사이에 전기장이 형성되고 음의 유전율을 가진 액정은 전기장에 수직한 방향, 즉 기판에 대해 수평 방향으로 회전합니다. 이로 인해 위상 지연이 일어나면서 빛이 통과하게 되죠.

개발 초기부터 VA 모드에서의 고민은 시야각 특성이었습니다. 액정의 수직 배향으로 인해 정면에서의 명암비는 향상되지만 측면 쪽으로 갈수록 액정의 굴절률 차이가 커지면서 시야각 특성이 나빠집니다. 특히 초기에는 액정이 기판에 대해 수평으로 누울 때 불완전한 거동을 개선하기 위해 러빙 공정이 필요했고, 이로 인해 측면 시야각 특성이 더욱 저하되었죠. 따라서 러빙 공정을 쓰지 않고 액정의 방위각을 제어하기 위해 다양한 다중 영역Multi-domain 구조들이 제안되었는데, 대표적인 것이 MVA Multi-domain VA 모드와 PVA Patterned VA 모드입니다.

MVA 모드는 기판 표면에 돌출부protrusion를 형성함으로써 결정되는 액정의 선경사각pre-tilt angle을 이용하여 액정의 배열 방향을 제어합니다. 반면에 PVA 모드에서는 상부와 하부의 기판 전극에 패턴을

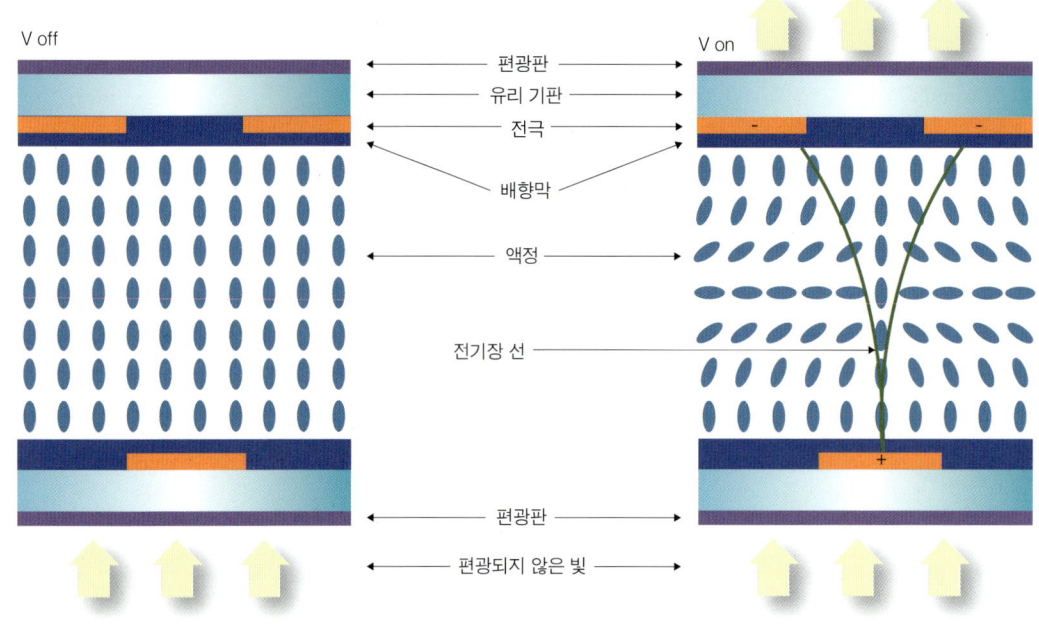

PVA 모드

형성하여 전압을 인가하면 발생하는 모서리 전계로 액정의 배열 방향을 결정하게 되죠. 즉, PVA 모드에서는 상판과 하판에 형성되는 투명 전극의 개별 부화소에 대해 두 개의 대칭 영역으로 V자형, 슬릿 패턴을 삽입하는데, 전압을 인가할 경우 패턴들의 가장자리에서 모서리 전계가 형성되어 액정 방향이 제어됩니다. 이때 액정의 정렬은 두 개의 대칭 패턴 영역에 더해 두 방향의 모서리 전계 영역까지 고려하면 총 네 개의 영역들이 형성됩니다. 이러한 4 영역들 4-domains 은 액정의 정렬 방향에 따라 발생되는 위상 지연 정도의 차이를 상호 보상하고 보완함으로써 시야각 특성을 개선합니다.

다음으로 개발된 것이 SPVA Super PVA 모드입니다. 이는 PVA 구조에서 개별 부화소를 다시 두 개의 영역으로 분할하여 서로 다른 전압을 인가하면서 총 여덟 개의 영역들, 즉 8 영역들 8-domains 을 활용합니다. 이때 인가 전압을 분할하기 위해서는 별도의 트랜지스터나 결합 coupling 커패시터 또는 차등 저항 differential resistor 등을 이용하죠. PVA 모드는 구조나 디자인을 통해 정해진 보상만이 가능하지만, SPVA 모드는 인가 전압의 분할 보상 기능이 더해져서 튜닝을 통한 최적화가 가능하다는 장점도 있습니다. 물론 이러한 전압 분할 방식은 MVA 모드에도 유사하게 적용될 수 있습니다. 이때 전극의 패턴 영역에 있는 액정은 전기장의 영향을 거의 받지 못해 초기의 수직 배향 상태를 유지하므로 흑색 모드로 계속 남아 있게 되어 광 투과율의 저하가 발생합니다.

이러한 투과율 저하 요인을 제거하면서도 액정 제어 기능을 유지할 수 있는 구조가 SVA$^{Super\ VA}$ 모드입니다. 즉, 하판의 전극에 대각 방향으로 네 개의 영역이 되도록 피치가 작은 미세 패턴이 형성되어 있는데, 패턴이 미세화되면서 패턴 영역도 전기장의 영향을 받게 됩니다. 또한 액정에는 반응성 메조겐$^{Reactive\ Mesogen,\ RM}$을 도핑하여 전압 인가와 자외선 조사를 통해 안정화 상태를 유도합니다. 이렇게 안정화된 RM에 의해 액정 분자들은 완전한 수직 배향이 아닌 약간의 선경사각을 가지게 되죠. 따라서 미세 패턴은 광 투과율을 증가시키고, RM에 의한 선경사각 효과는 응답 속도의 향상과 액정의 방향 제어에 기여하게 됩니다.

또한 PVA 모드는 패턴 간 거리와 폭이 응답 속도와 연관되어서 화소의 크기에 따라 크게 영향을 받지만, SVA 모드는 화소 크기에 특성이 영향을 받는 정도가 적어서 다양한 크기의 패널과 해상도에도 적용이 가능합니다.

더 생각해보기

- VA 기술은 다양하게 점진적으로 발전해 왔다. 발전 경로와 각각의 세부 기술들에 관해 알아보자.
- 앞으로의 방향, 즉 터치 기술의 발전, 투명 디스플레이, 유연 디스플레이 등과 VA 기술과의 궁합은 어떠할까?

수식으로 원리를 잡다!

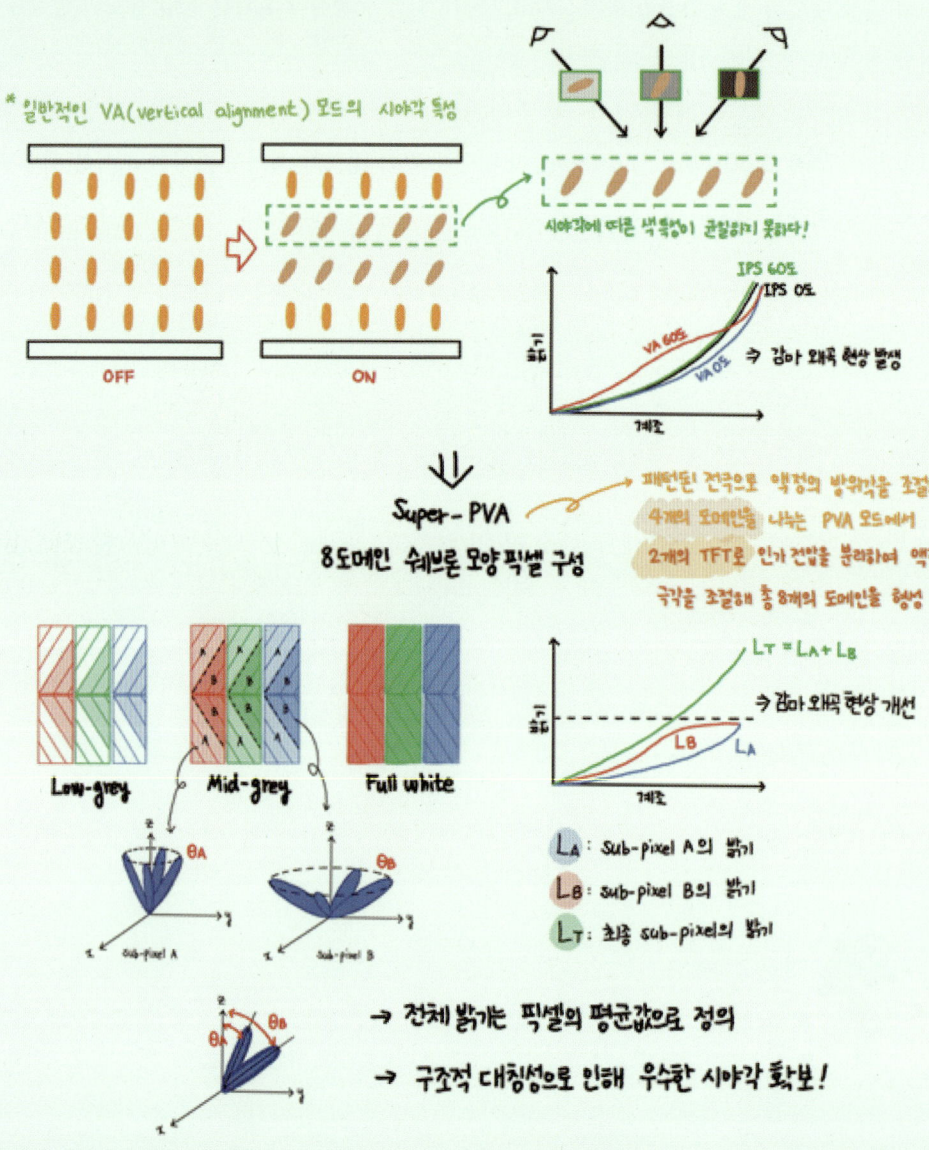

제조 공정

　　LCD 패널은 기본적으로 하판에 해당하는 TFT 기판, 상판인 컬러 필터 기판을 합착하여 만들어집니다. 그리고 패널에 BLU부와 구동 회로부를 부착하여 모듈이 만들어지죠. 따라서 LCD 패널 및 모듈의 제조 공정은 TFT 기판 공정, 컬러 필터 기판 공정, 액정 셀 공정, 모듈 공정으로 분류되고 설명될 수 있습니다.

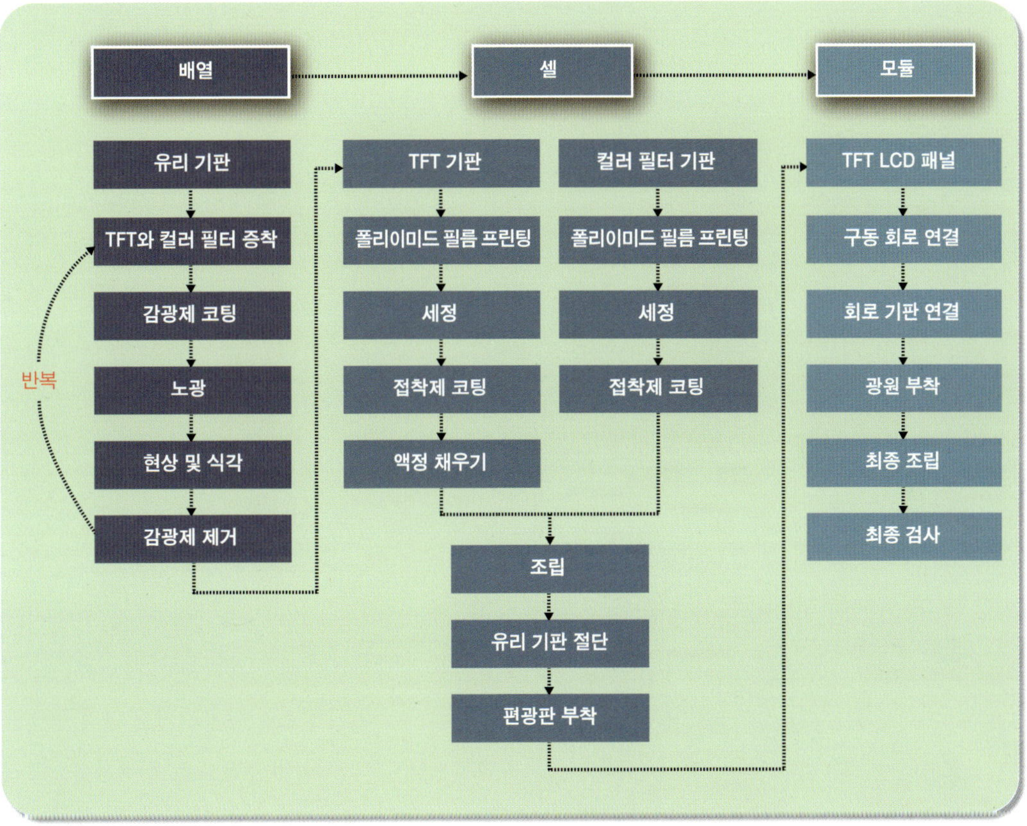

LCD 제조

더 생각해보기

● 기술의 포화 상태로 이제 더 저렴하게 만들어야 하는데, 이처럼 생산성 향상을 위해서는 어떤 아이디어들이 있을까?

TFT 기판

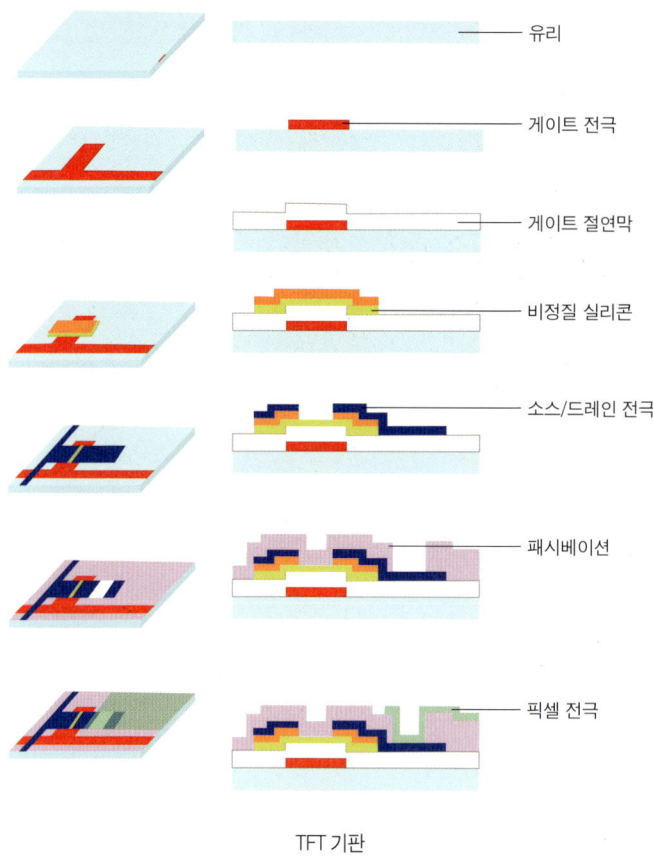

TFT 기판

TFT 기판 공정은 TFT가 형성되는 기판 위에 행해지는 공정들로 다양한 TFT 어레이의 제조, 화소 전극의 형성 등을 포함합니다. 가장 중요한 TFT 어레이의 경우, 기본적으로 비정질 실리콘 TFT 어레이 제조를 위주로 설명하며, 저온 다결정 실리콘을 위한 열처리 공정 등은 별도로 다루겠습니다.

TFT를 제조하기 위해서는 세정, 박막 증착, 사진 식각, 에칭으로 이루어지는 단위 공정들이 반복적으로 행해지죠. 세정 공정은 각각의 박막들을 증착하기 전이나 패터닝 등 일정 공정 후에 오염된 유기물과 입자들을 제거하여 표면을 청결하고 평탄하게 해 주는 공정입니다. 기판과 박막 간의 접착력, 거칠기, 오염이나 손상, 전기적인 쇼트나 누설 전류 등에 관여하므로 수율에 직접적인 영향을 주는 과정이죠. 세정 공정

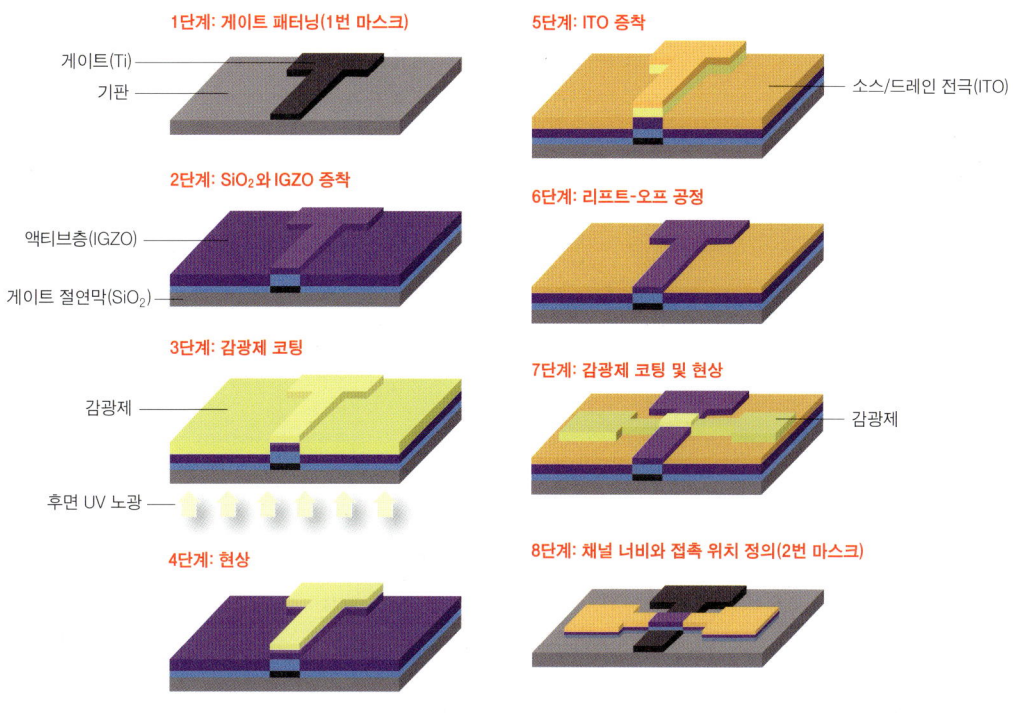

TFT 제조 과정

은 사용하는 물질이나 방법에 따라서 습식 세정과 건식 세정, 물리적 세정과 화학적 세정 등으로 구분되며 화학 용액이나 가스는 물론 브러쉬, 자외선이나 플라스마, 초음파 등을 이용합니다.

 박막 증착 공정은 크게 물리적 증착Physical Vapor Deposition, PVD과 화학적 증착Chemical Vapor Deposition, CVD으로 구분됩니다. PVD에서는 원재료를 녹여서 증기로 만들어 증착하는 증발법evaporation과 에너지를 가진 이온들을 원재료인 타깃에 충돌시켜 그 에너지로 분리된 원자들을 증착하는 스퍼터링법sputtering이 대표적입니다. CVD에서는 주로 기체들 간의 화학반응을 수반하는데, 반응 에너지로는 열이나 플라스마 등을 사용하죠. TFT에서 금속 배선 그리고 화소 전극으로 사용되는 ITO의 증착에는 스퍼터링이 주로 이용되고, 반도체 채널층인 비정질 실리콘 막이나 절연체인 실리콘 산화막의 증착에는 주로 플라스마 CVDPlasma Enhanced-CVD, PE-CVD 방법이 사용됩니다.

 사진 식각 공정은 증착된 박막들을 일정 부분을 남기고 제거하는 패터닝 과정 전반을 의미합니다. 여기에서는 감광제PhotoResist, PR를 도포coating하고, 마스크를 정렬alignment한 뒤 노광exposure을 하고, 다음 과정으로 현상develop을 하여 노광된 PR을 제거하는 과정, 즉 PR 도포, 마스크 정렬, 노광, 현상까지

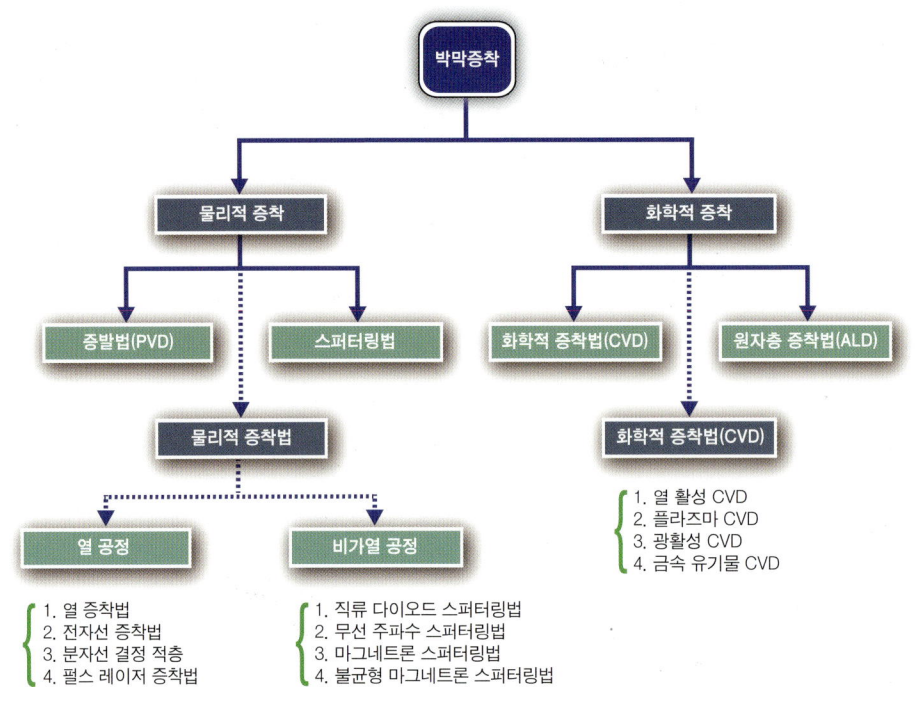

박막 증착 공정

를 설명합니다. 이후 패터닝된 PR로 마스킹을 한 뒤, 오픈된 박막을 제거하거나 남기는 과정은 에칭 공정으로 별도 구분하기로 합니다. PR의 도포는 스핀 코팅이나 슬릿 코팅을 이용하는데, 스핀 코팅의 경우 상대적으로 균일한 도포가 가능하지만 재료 손실이 커서 생산성이 떨어지는 단점이 있습니다. 반면에 슬릿 코팅은 재료의 손실이 적어 생산성은 좋지만 균일한 도포가 어렵죠. 노광 공정에서 근접 proximity 노광은 마스크와 기판을 수십 마이크론 정도의 간격으로 분리하여 설치하고 평행광을 사용하는 방식인데, 마스크 비용의 절감과 생산성 향상에서는 장점이 있지만 정밀도가 낮아서 주로 블랙 매트릭스나 컬러 필터 등 공정 마진이 큰 경우에 사용합니다. 거울 노광은 마스크의 패턴 이미지를 거울에 투영하여 노광하는 방식으로 거울의 크기를 키워서 일괄 대형화를 이룰 수 있습니다. 이는 근접 노광에 비해 해상도가 향상되고 생산성 역시 우수하지만 마스크의 크기에 따른 비용 상승이 단점이죠. 스테퍼 stepper 방식에서는 렌즈 광학계를 사용하므로 렌즈 투영 lens projection 방식으로도 불리는데, 렌즈 크기에 한계가 있어 기판을 구역별로 나누어 분할 노광을 반복하는 과정 step and repeat 을 따릅니다. 이는 해상도가 우수하므로 미세 패턴이 요구되는 TFT 공정에 활발히 적용되는데, 특히 구역 간 경계에서

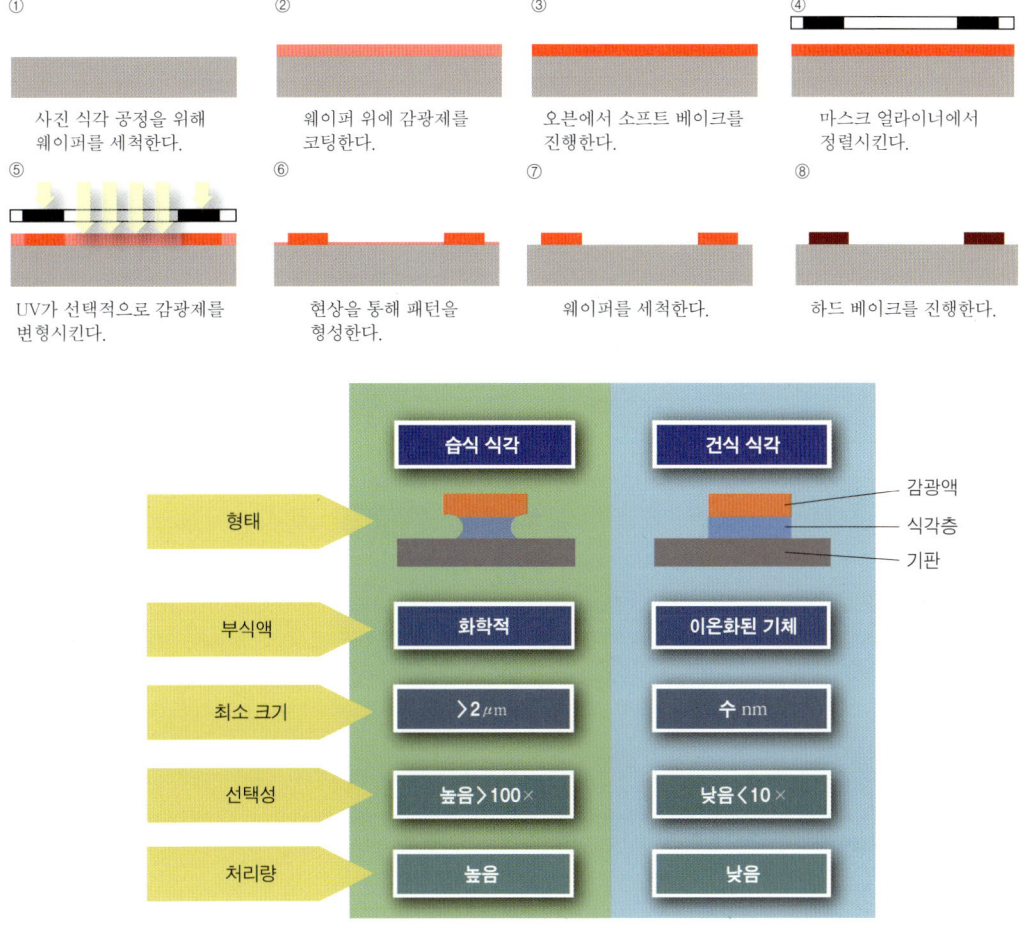

사진 식각 공정

발생하는 오차 영향을 최소화할 수 있는 설계와 공정 기법을 요구합니다. 다음 단계인 현상 공정은 노광 공정을 통해 자외선에 노출된 PR을 선택적으로 제거하거나 남기는 과정이며, 분사spray, 담금dipping, 퍼들puddle 방식 등을 적용합니다.

에칭etching(식각) 공정은 노광과 현상 공정을 통해 패터닝된 PR을 식각 마스크로 사용하여 아래에 위치한 박막들을 남기거나 제거함으로써 원하는 패턴을 얻는 과정입니다. 이는 이온이나 플라스마와 같은 기체를 이용하는 건식 식각dry etching과 화학 용액을 사용하는 습식 식각wet etching으로 구분되며, 식각의 방향성, 선택도, 식각률, 정밀도와 생산성 등에서 각각 고유의 장단점들을 지니고 있습니다. 에칭 후 PR 제거strip 공정이 수반되는데, 이는 패턴 형성을 위해 사용되었던 PR을 제거하는 공정입니다.

선행 공정 중에 발생한 변성 물질과 오염 물질들을 제거하는 것을 목적으로 하죠. PR 제거를 위해서는 알카놀아민^{alkanolamine}과 용재^{solvent}가 혼합된 유기 용액이 주로 사용됩니다. 또한 식각 공정에서 발생되는 PR 변성 특성에 따라 플라스마를 이용한 제거^{ashing} 공정이 추가되기도 하죠. 잔류 PR은 오염원이 되어서 다양한 불량을 야기하므로 완전히 제거되어야 합니다.

　이러한 기본 공정들을 적용하여 후방 활성층 식각$^{Back\ Channel\ Etched,\ BCE}$ 구조를 갖는 TFT를 만드는 과정을 진행해 보겠습니다. 먼저 게이트 배선의 경우, 신호가 적은 손실로 전달되기 위해 비저항이 낮은 알루미늄이 사용되는데, 높은 온도에서 돌출부^{hillock} 발생을 억제하고 내화학성을 위해 알루미늄 합금이나 몰리브덴을 추가한 2중 금속 구조를 채택합니다. 사전 세정, 증착, 사진 식각, 에칭 과정을 거쳐 게이트 배선이 만들어지면, 게이트 절연층인 실리콘 질화막, 활성층, 즉 채널 영역인 비정질 실리콘$^{hydrogenated\ amorphous\ silicon,\ a-Si:H}$, 도너가 강하게 도핑된 n형 실리콘$^{n+\ a-Si:H}$을 PE-CVD 공정으로 연속 증착하여 박막들 간에 우수한 계면 특성을 확보합니다. 다음으로 사진 식각 및 에칭 공정을 통해 박막 패터닝을 하죠. 소스 및 드레인 전극과 데이터 신호 배선으로는 n+ a-Si:H 막과 저항성 접촉$^{ohmic\ contact}$이 원활하고 접촉 저항이 작은 몰리브덴이 주로 사용되나, 고해상도나 대형 패널의 경우에는 배선 저항을 낮추기 위해 알루미늄처럼 비저항이 낮은 물질을 함께 적용함으로써 몰리브덴-알루미늄-몰리브덴 3층막을 적용하기도 하죠. 이들은 역시 사진 식각과 에칭 공정을 통해 패터닝됩니다. TFT의 채널 영역은 수분이나 이온성 물질 등에 취약하므로 보호막$^{passivation\ layer}$이 코팅되어야 하며, 주로 실리콘 질화막이 사용됩니다. 다만 이후 모듈 공정에서 구동용 집적회로의 연결을 위해 연결 단자$^{bonding\ pad}$ 부분은 패터닝 공정을 통해 오픈되어야 합니다. 끝으로 화소 전극으로 사용되는 ITO의 증착과 패터닝 공정을 수행하면 TFT 어레이가 완성되죠. TFT 어레이 위에는 배향막 도포 및 러빙 공정을 통해 액정 분자들이 들어갈 홈을 만들어 주는데, 이는 LCD의 동작 모드에 따라 생략되는 경우도 있습니다. 이 부분은 액정 셀 공정에서 설명하기로 하죠. 이상과 같이 TFT 기판을 완성하기 위해 수행되는 공정과 그 순서를 살펴보았습니다.

더 생각해보기

- TFT 공정은 특히 반도체 공정과 매우 유사하다. 공정이나 재료 측면에서 어떤 차이와 특이성이 있을까?
- 시설면에서는 어떠할까?

컬러 필터 기판

컬러 필터 기판에는 단위 부화소들 사이에서 부화소 간의 색의 간섭을 방지하기 위해 빛을 흡수하는 블랙 매트릭스 Black Matrix, BM, 빛의 3원색인 빨강(R), 초록(G), 파랑(B) 들을 개별 부화소에서 구현하기 위한 컬러 필터 Color Filter, CF, 액정 셀의 상판에 전압을 인가하기 위해 필요한 투명 전극인 인듐 주석 산화물 Indium Tin Oxide, ITO 공통 전극 패턴들이 제조됩니다. (☞45쪽 투과형 LCD 구조 그림, 65쪽 LCD와 컬러 필터 그림 참조)

먼저 블랙 매트릭스가 만들어지는데, 재료로는 주로 광학 밀도 optical density가 3.5 이상인 금속 박막이나 탄소 계열의 유기 재료가 사용됩니다. 흔

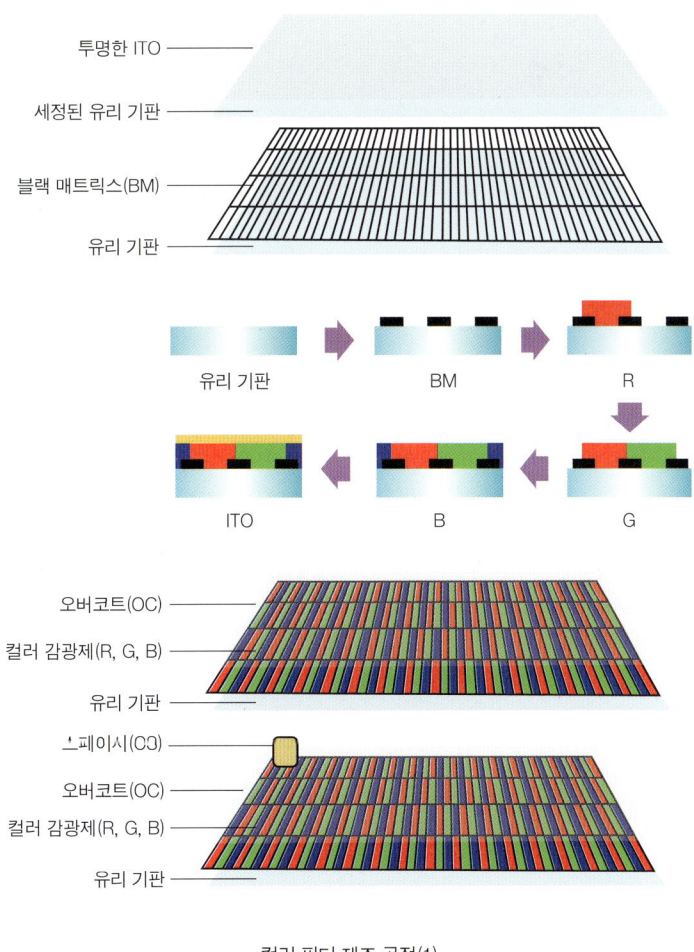

컬러 필터 제조 공정(1)

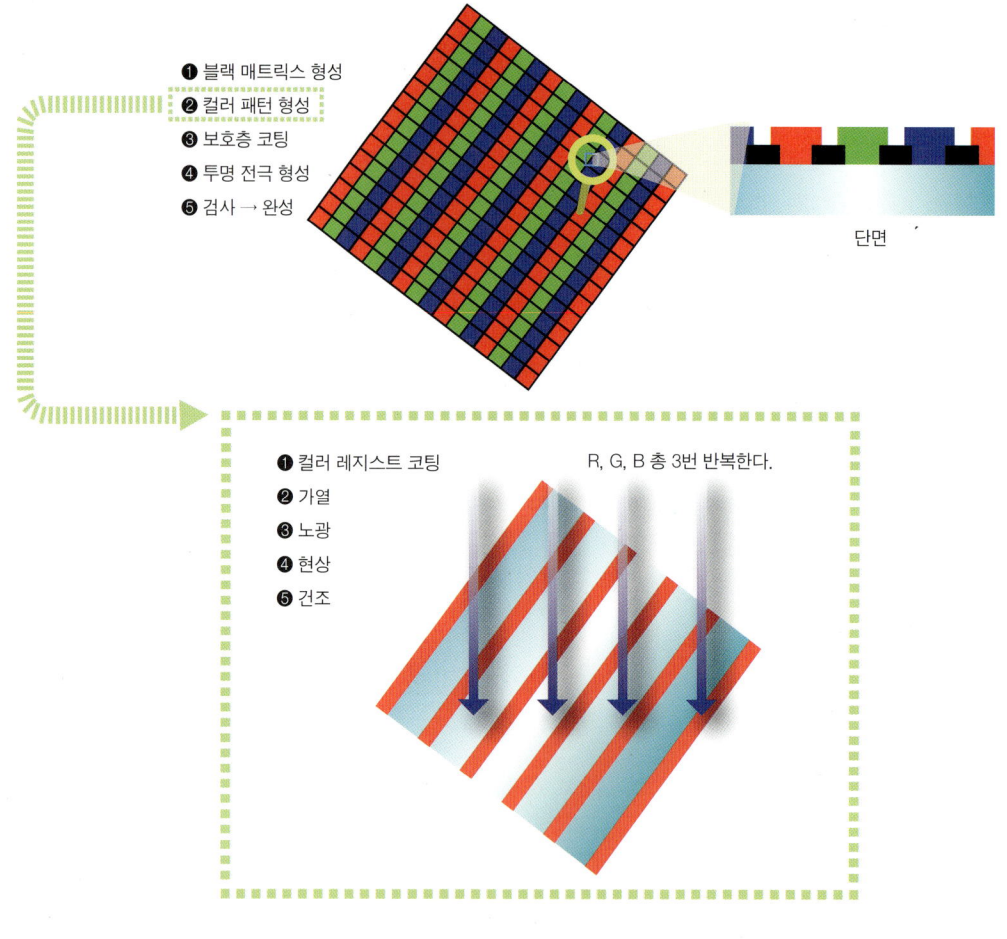

컬러 필터 제조 공정(2)

히 사용되는 크롬의 경우에는 크롬 산화막을 먼저 형성하고 그 위에 크롬을 올리는데, 이때 크롬 산화막은 기판과 크롬 사이에서 4분의 1 파장의 박막 코팅재 역할을 합니다. 즉, 외부로부터 입사되는 빛들이 막의 위와 아래 부분에서 각각 반사되면서 상쇄 간섭이 일어나도록 하여 외광 시인성을 향상시키죠. 이 구조의 경우 TFT 기판과 동일한 유리 기판 위에 초기 세정을 한 후, 스퍼터링으로 크롬 산화막과 크롬 박막을 연이어서 각각 50nm와 150nm 정도의 두께로 증착한 후 사진 식각 공정을 거쳐 패터닝하여 제조됩니다.

다음으로 컬러 필터가 형성되는데, 재료는 안료pigment와 염료dye의 두 가지로 구분되며 제조 방식은 사진 식각법photolithography, 인쇄법printing, 전착법electro-deposition 등이 있습니다. 일반적으로는 안료를 함유하며 감광성이 있는 컬러 레지스트를 이용한 사진 식각법이 사용되죠. 이때 컬러 레지스트의 도포는 스핀 코팅이나 슬롯 코팅을 이용하며, RGB 각각은 색좌표와 투과도를 고려하여 서로 다른 코팅 두께를 가집니다. 그리고 패턴의 정밀도가 상대적으로 높지 않으므로, 생산성이 높고 가격이 낮은 근접 노광기를 이용합니다. 통상적으로는 RGB 패턴 모양이 같아서 하나의 마스크를 화소 피치만큼 이동하면서 사용할 수 있으나, 패턴이 다르면 별도의 마스크를 제작해야 합니다. 이와 함께 훨씬 공정이 단순하고 재료 소비가 적은 잉크 젯 프린팅법도 적용되고 있습니다.

컬러 필터 위에는 일반적으로 OC^{OverCoat}막을 코팅하는데, 이는 RGB 패턴을 보호하고 공통 화소 전극 공정에서 양호한 단차$^{step\ coverage}$를 위한 평탄화 역할을 합니다. 이는 주로 아크릴 수지 등을 스핀 코팅하여 만들어지나, 제조 가격 절감을 위해 컬러 필터 패턴에 경사각을 주어 오버코트 공정을 생략하기도 하죠. 끝으로 화소의 공통 전극인 ITO 박막이 전 영역에 걸쳐 스퍼터링으로 증착되며, 이때 면저항은 최저가 되고 광 투과율이 최대가 되는 최적화 설계와 공정이 매우 중요합니다. 예를 들어, ITO 막의 두께에 따라 광 투과율은 주기적으로 변화하는데, 첫 번째 피크에 해당하는 150nm의 두께를 일반적으로 적용하고 있습니다. 물론 PVA 모드와 같이 전극에 패턴이 필요한 경우에는 패턴 공정을 추가로 도입하기도 합니다.

더 생각해보기

- 일본의 수출 규제 대상 품목인 컬러 포토레지스트와 컬러 필터는 어떤 연관성이 있을까?
- 사진 식각은 버려지는 재료가 많아 환경오염의 문제가 있다. 이 문제를 해결할 다른 제조 방법에는 어떠한 것들이 있을까?

액정 셀

액정 셀 공정은 완성된 TFT 기판과 컬러 필터 기판에 먼저 배향막을 도포하고 러빙합니다. 이어서 스페이서와 밀봉 라인seal line을 설치하고 형성한 뒤, 끝으로 액정을 채워 완성합니다. 배향막은 두

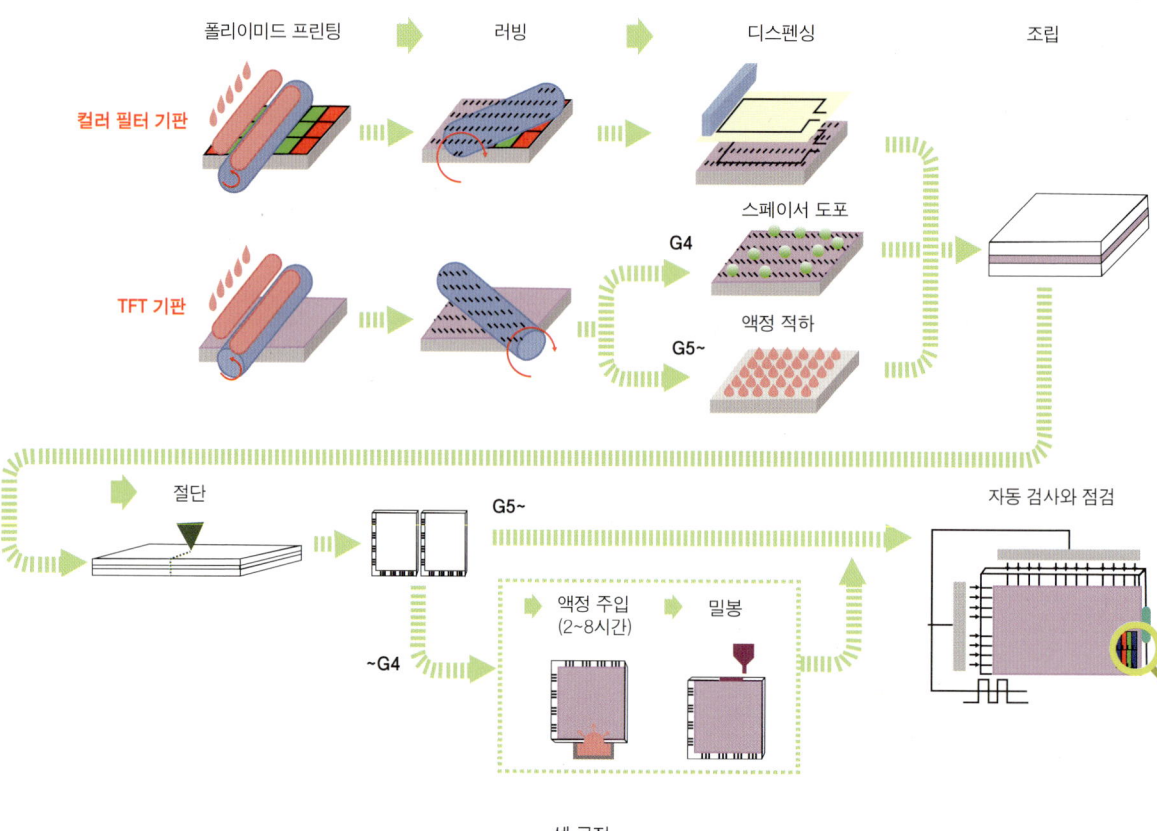

셀 공정

기판의 가장 윗면에 위치하여 셀 내의 액정 분자들과 직접 접촉이 되면서 액정의 초기 배열 상태를 결정하게 되죠. 재료는 주로 폴리이미드계의 고분자 화합물이 사용되며, 인쇄나 잉크 젯 프린팅으로 도포가 됩니다. 스핀 코팅의 경우는 기판의 크기가 커지면서 설비 크기에 무리가 와서 이제는 거의 사용하지 않죠. 인쇄 방식의 경우 기판 크기에 맞도록 수지판mask이 제작되어 롤러에 장착되고, 디스펜서로부터 배향막 재료가 토출되어 롤러를 통해 수지판에 공급됩니다. 아래쪽에는 스테이지 위에 기판이 놓여 일정 속도로 이동하여 수지판과 맞닿으면서 배향막이 도포되죠. 최근에는 잉크 젯을 이용한 코팅도 사용되고 있는데, 재료의 사용 효율이 높으며 기판의 크기에 맞추어 요구되는 수지판을 필요로 하지 않는다는 장점이 있습니다. 도포되는 배향막에서는 대면적 균일도가 매우 중요합니다. 따라서 일정량의 유기 용제solvent가 함유되어 도포 후에는 사전 건조pre-baking를 통해 유기 용제의 증발과 함께 균일도를 높여 줍니다. 이후 열처리hard-baking를 하여 배향막을 고정하고 안정화시키죠.

　필요할 경우 러빙 공정이 수반되는데, 주로 나일론이나 면으로 만든 벨벳 형태의 러빙포를 사용하여 배향막 표면을 문질러 표면에 나란한 홈을 만듭니다. 이러한 러빙 공정에서 기본이 되는 것은 적당한 러빙 세기rubbing strength와 기판 전체에 대한 균일도죠. 러빙 세기는 러빙 횟수와 러빙 깊이의 곱에 비례하며, 롤러의 반경과 회전 속도, 기판의 이동 속도와의 관계식으로 표현됩니다. 이러한 실험식과 함께 러빙포에 식모되어 있는 섬유의 굵기와 길이, 강도, 밀도 등도 함께 고려해야 하죠. 이러한 러빙 방법은 대면적 설비에 대한 부담과 균일도, 오염, 손상 등을 감안하여 빛과 감광성 폴리머를 이용하는 광 배향 방식 등도 사용되고 있습니다. (☞70쪽 러빙 그림 참조)

　두 기판을 합착하기 전에 스페이서를 설치하고 형성한 후 패널의 외곽부에 밀봉 라인을 디스펜싱하는 것이 필요합니다. 스페이서로는 작은 구슬bead을 설치하는데, 이는 화소의 작동active 영역에도 위치하여 액정의 흐트러짐을 유발하여 빛의 산란 원인이 되고 흑색 구현 시 명암비를 저하시키는 요인이 되기도 합니다. 따라서 사진 식각 공정이나 인쇄 공정을 통해 블랙 매트릭스 영역에 유기물 기둥을 설치하는 컬럼 스페이서 방식을 주로 이용하고 있습니다. 디스펜서로 밀봉제를 토출하면서 밀봉 라인 패턴을 그려가는 거죠. 밀봉제는 자외선 경화성이 있으며, 밀봉 라인으로 두 기판을 합착한 후에 자외선을 조사하여 경화시키게 되죠. 밀봉 라인을 형성하면서 동시에 하판에서 상판으로 전기 신호를 공급하기 위한 단락short 부분도 함께 설치합니다. (☞70쪽 밀봉 그림 참조)

　다음으로 액정 주입 공정이 있습니다. 패널이 대형화가 되기 이전에는 진공 주입 방식을 사용하였죠. 즉, 밀봉 라인을 형성하면서 액정 주입구를 미리 만들어 놓고, 합착 후 셀 내부를 진공 상태로 만든 뒤 외부와의 압력 차이를 이용하여 액정을 주입하는 방식입니다. 이는 모니터 크기의 패널에 액정

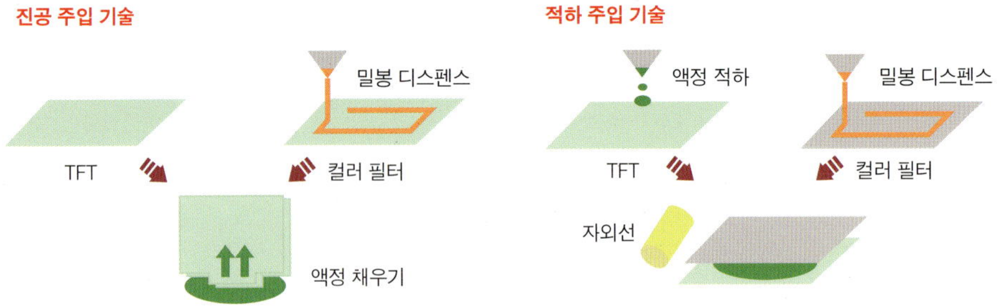

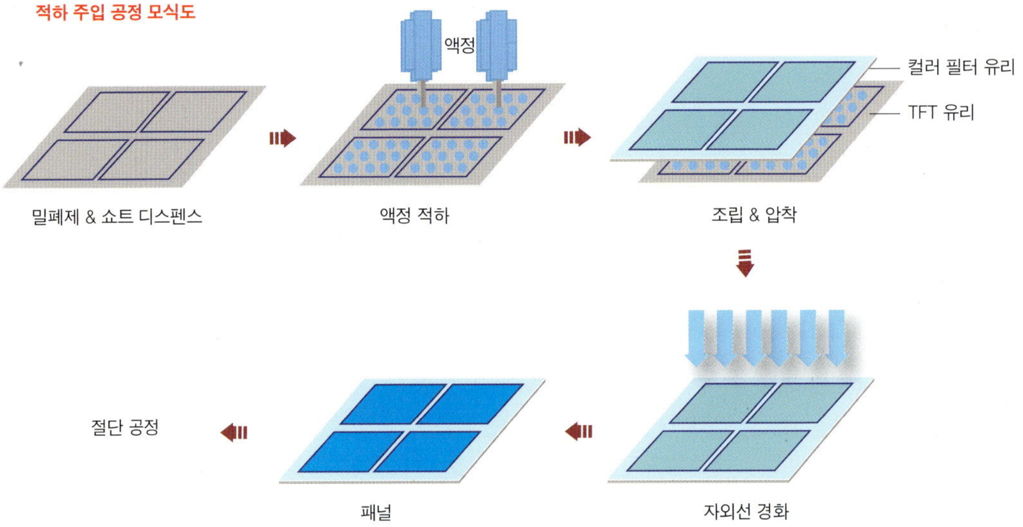

진공 주입 기술

TFT / 밀봉 디스펜스 / 컬러 필터 / 액정 채우기

적하 주입 기술

액정 적하 / TFT / 밀봉 디스펜스 / 컬러 필터 / 자외선

적하 주입 공정 모식도

밀폐제 & 쇼트 디스펜스 → 액정 적하 → 조립 & 압착 (컬러 필터 유리, TFT 유리) → 자외선 경화 → 패널 → 절단 공정

액정 공정

을 주입하는 시간만도 수 시간이 소비되고, 따라서 패널의 크기가 증가하면서 생산성 확보 차원에서 사용이 어려워졌습니다. 후속으로 개발된 기술이 ODF$^{One Drop Filling}$로 적정량의 액정을 일정한 간격으로 기판 위에 적하한 다음 진공 상태에서 두 기판을 합착하는 방식입니다. 이 방식은 패널의 크기와 무관하게 1시간 이내에 공정을 완료할 수 있어 패널의 대형화와 생산성 향상에 큰 기여를 하였습니다.

더 생각해보기

● 셀 공정에서 기술성(성능)이나 생산성(가격)을 더 개선할 수 있는 방안들이 있을까? 있다면 무엇일까?

수식으로 원리를 잡다!

LCD 산업에서의 액정 배열 조절 공정 인자에 대해 자세히 알아보자!

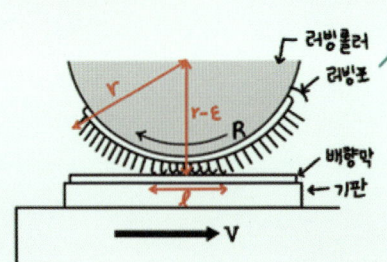

러빙포(rubbing fabric/cloth)의 물성
- 파일 밀도(pile density) 단위: ea/cm^2
- 섬도(de), 가닥수(fila)
- 경사(warp), 위사(weft) 등

$$\text{러빙 세기 } L = N \cdot \frac{\ell}{60V} \left[2\pi \cdot (r-\varepsilon)R \pm 60V \right]$$

$$= N \cdot \ell \left[\frac{2\pi \cdot (r-\varepsilon)R}{60V} \pm 1 \right]$$

L (rubbing strength) : 러빙 세기
N (number of rubbing) : 러빙 횟수
ℓ (pile contact length) : 접촉 길이 = $\sqrt{4\varepsilon(2r-\varepsilon)}$
r (roller radius + cloth thickness) : 롤러 반지름 + 러빙포 두께
ε (pile contact depth) : 접촉 깊이
R (roller revolution) : 롤러 회전 속도
V (speed of stage) : 기판 이동 속도

모듈

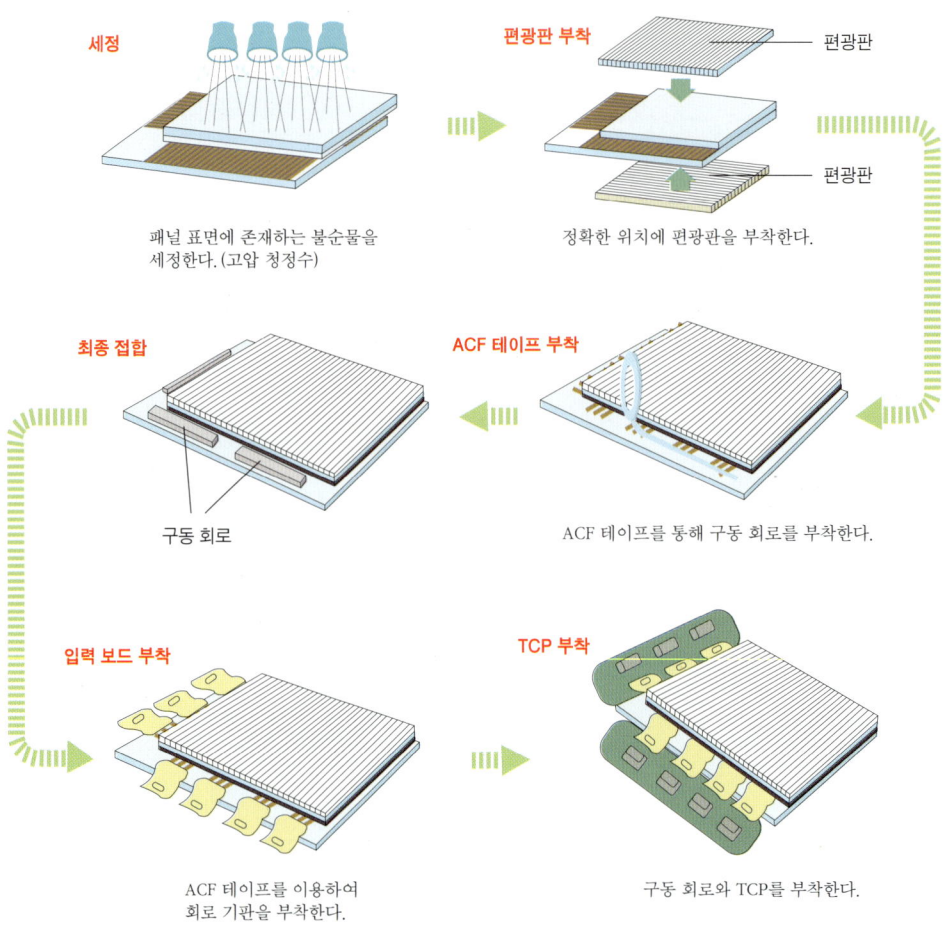

모듈 공정

모듈 공정은 패널에 구동 부품을 부착하고 연결하는 공정입니다. BLU와 함께 편광판, 구동 IC, PCB 등을 부착한 후 검사까지 진행하는 일련의 과정을 말합니다. 편광판 부착 공정에서는 패널과의 정확한 정렬이 중요하며, 구동 IC 연결을 위해서는 먼저 비등방 전도성 접착 필름(Anisotropic Conductive Film, ACF)을 패널에 붙이고 구동 IC를 패널과 정렬한 다음 고온 고압으로 압착하여 부착합니다. 이후 진행되는 PCB 부착 공정은 구동 IC와 동일한 방식으로 진행되죠. PCB 부착까지 마친 패널은 마지막으로 구동 신호를 인가하여 불량 여부를 판단하는 검사를 진행한 다음, 이상이 없을 경우 구동부와 BLU를 연결하면 디스플레이 모듈이 완성됩니다.

더 생각해보기

● 모듈 공정을 응용도, 즉 모바일 기기, 모니터, TV 등에 따라 좀 더 세밀하게 살펴보자.

LCD 기술 이슈

LCD의 기술 개발과 발전은 지금도 진행 중입니다. 물론 완성도에서는 정점에 이르러 가고, 가격은 가급적 낮추어야만 하는 상황이지만, 그래도 개발자들은 움직이고 있죠. 해상도와 컬러로 대표되는 성능은 여전히 진화 중입니다. 폼 팩터, 즉 얇고 유연함에서는 OLED에 밀리고 있지만, 새로운 응용도를 찾아 나서고 있습니다. 일단, 해상도와 컬러를 짚어 봅니다. 다만 컬러의 경우, 양자점 Quantum Dot, QD을 적용하는 방식이 핫 이슈인데, 이에 관해서는 다음 주제에서 OLED를 먼저 이야기한 후에 QLED의 패밀리 그룹인 QD-LCD, QD-OLED, QD-ELD를 함께 다룰 생각입니다.

FHD Full High-Definition, UHD Ultra High-Definition, 4K, 8K 등으로 이어지는 해상도와 관련된 용어들은 비교적 친숙합니다. 이러한 해상도의 향상은 어디까지 이어질지 여전히 궁금하죠. 3차원과 4차원의 실감 디스플레이, 가상현실과 증강현실까지 고려한다면 개발 여지는 아직 충분합니다. 이러한 고해상도 구현에 있어서 고려할 요소는 바로 투과율이죠. 좀 더 구체적으로 표현한다면 개구율의 감소가 고해상도 구현에 장애가 될 가능성이 높다는 말입니다. 해상도가 높아지면서 화소 면적도 작아져야 하는데, 이에 맞추어 TFT와 배선이 차지하는 면적도 줄어야 하죠. 그러나 TFT의 크기를 줄이면서 성능, 즉 전달 특성과 출력 특성을 유지하는 것이 만만치 않습니다. 특히 이동도 및 이와 관련되는 전도도, 저항을 개선시키는 것에 허들이 있죠. 아울러 해상도가 높아지면 게이트 선택 시간이 짧아지고, 따라서 이를 반영하는 저장 커패시터와 배선의 전기적 성능 유지도 개구율 유지의 어려움입니다. 산화물 TFT, 저온 및 고온 다결정 실리콘 TFT, 심지어 단결정 트랜지스터의 전사 transfer까지도 개발이 시도되고 있죠.

물론 BLU의 효율 향상, 고효율 광원 및 저손실 구조, 다양한 소재와 구동 방법의 개발도 병행되고 있습니다. 8K의 해상도를 가지는 제품이 65인치급 이상의 대형 디스플레이 제품에서만 적용되는 이유는 고해상도일수록 화소 크기를 기존보다 작게 제작해야 하는데 소형 디스플레이로 갈수록 집적화 (TFT 배선 선폭 감소)의 한계로 인해 개구율이 더욱 낮아진다는 단점이 있기 때문입니다.

디스플레이가 아무리 발전해도 신이 주신 색인 자연의 색을 완벽하게 재현할 수는 없습니다. 가까이 다가갈 뿐이죠. 사실 OLED와의 경쟁에서 LCD가 기사회생할 수 있었던 이유 중의 하나도 양자점 Quantum Dot, QD을 통한 색재현율 향상입니다. 즉, 양자점을 광원에 적용한 LCD Quantum Dot LCD, QD-LCD입니다. 논란의 여지는 있지만 QLED라는 이름으로 불리고 있죠. 이를 기반으로 색재현율을 OLED 이상으로 끌어올렸습니다. QLED는 최근의 대형 디스플레이에서 뜨거운 주제입니다. 양자점은 지름이 수 나노미터 정도인 반도체 입자이며, 코어와 쉘 그리고 고분자 코팅으로 이루어진 구조입니다. 입자의 크기에 따라 발광 파장이 변하며, 높은 색순도와 안정성을 가지므로 향후 디스플레이에 다양하게 적용될 수 있는 소재임에는 분명합니다. 지금은 주로 양자점을 함유한 필름, QDEF Quantum Dot Enhancement Film를 BLU에 추가하는 방식으로 제품화를 이루고 있지만, 추후 QD-OLED와 QD-ELD ElectroLuminescent Display 등으로 진화하는 로드 맵이 명확하게 제시되고 있습니다. 이에 대해서는 OLED 다음으로 기술될 양자점 디스플레이 코너에서 다루도록 하죠.

중국이 동등하거나 선두가 된 현재, LCD에 대한 투자를 어디까지 가져갈 것인가? 사실 LCD의 투자는 이미 스톱이 되었습니다. 현 시점에서의 최대 라인은 10~11세대, 주로 10.5세대 라인이죠. 기판의 크기에 따른 제조 원가의 차이보다 면취 효율로 대변되는 생산성의 차이가 결과적으로 패널의 원가로 나타나죠. 기술 개발이 언제까지 진행될 것인지와 시설 투자를 재개해야 하는지는 전적으로 시장과 기업 전략의 몫입니다.

더 생각해보기

- LCD의 국내 투자는 정지되었다. LCD는 앞으로 어떻게 될까? 생존할 수 있을까?
- 만일 LCD가 더 발전할 수 있다면 그 경로는 어떤 방향일까?

발산과 수렴

젊은 날의 길은 발산
갈래로 여럿 나누어지고

나이들수록 길은 수렴
한곳으로 점점 모여지고

Divergence vs. Convergence;
Convergence generally means coming together,
while divergence generally means moving apart.
These terms used to describe the directional relationship of two trends, prices,
or indicators.